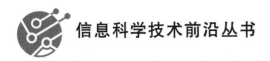

信息科学技术前沿丛书

元启发式算法与背包问题研究

魏泽群　著

U0291223

北京邮电大学出版社
www.buptpress.com

内 容 简 介

本书深入探讨元启发式算法在解决背包问题中的理论与应用价值,通过系统介绍算法基础、关键技术及其在经典组合优化问题中的实际表现,展现元启发式算法解决具体优化问题的能力。本书从背包问题与优化算法的基础概述入手,详细探讨经典背包问题以及元启发式算法的定义和特性;通过实例分析,深入介绍针对集合联盟背包问题、冲突约束背包问题和预算最大覆盖问题的高效求解策略,包括算法设计、测试评估及算法性能分析,帮助读者深刻理解这些算法的工作原理并在实践中灵活应用。本书旨在为对元启发式算法和背包问题感兴趣的读者提供一个易于理解的入门指南,推动组合优化技术在更广阔领域的研究与应用。

图书在版编目(CIP)数据

元启发式算法与背包问题研究 / 魏泽群著. -- 北京:
北京邮电大学出版社,2024. -- ISBN 978-7-5635-7277
-9

Ⅰ. O242.23

中国国家版本馆 CIP 数据核字第 2024B25M48 号

策划编辑:姚 顺 责任编辑:姚 顺 谢亚茹 责任校对:张会良 封面设计:七星博纳

出版发行:北京邮电大学出版社

社 址:北京市海淀区西土城路 10 号

邮政编码:100876

发 行 部:电话:010-62282185 传真:010-62283578

E-mail:publish@bupt.edu.cn

经 销:各地新华书店

印 刷:保定市中画美凯印刷有限公司

开 本:787 mm×1 092 mm 1/16

印 张:10.75

字 数:271 千字

版 次:2024 年 8 月第 1 版

印 次:2024 年 8 月第 1 次印刷

ISBN 978-7-5635-7277-9 定 价:49.00 元

前　　言

在当今这个数据驱动的时代，各行各业都在经历智能化升级，一系列复杂且富有挑战性的优化问题浮出水面。优化问题无处不在，涵盖了航空航天、交通运输、工业工程、物流港口、能源环境和供应链等多个领域，这些优化问题往往超出了传统算法的解决能力。在这样的背景下，元启发式算法因其在解决各种复杂问题方面的独特优势脱颖而出。本书旨在通过研究元启发式算法在背包问题及其变种问题中的应用，为读者提供一个了解元启发式算法特性和应用价值的窗口。

作为组合优化领域的经典问题之一，背包问题拥有广泛的实际应用背景。从最简单的单背包问题到各种变种形式，背包问题涵盖了可以映射到现实世界多个场景的模型，并常被视为更复杂问题的子问题。然而，随着问题规模的扩大和约束条件的增加，寻找最优解变得极为困难，甚至不可行。在这样的挑战下，元启发式算法显现出其特有的价值——能够在可接受的时间内提供高质量的解。

本书的创作初衷是通过深入浅出的案例研究，展示元启发式算法在组合优化问题求解中的应用。随着运筹优化技术在国内的日益发展，关于元启发式算法的书籍逐渐增多。本书补充阐释了元启发式算法的基本原理和核心机制，并将这些理论应用到背包问题的多个变种上，通过具体的案例分析，帮助读者理解并掌握如何将这些高效算法运用到优化问题的求解之中。

本书采取了一种渐进式的编写方法。首先，介绍背包问题的基本概念和形式，以及优化算法的相关背景，为读者打下坚实的基础。其次，详细探讨元启发式算法的算法思想、关键技术，以及经典背包问题变种的定义和数学模型。最后，分别针对集合联盟背包问题、冲突约束背包问题和预算最大覆盖问题这三个背包问题变种的高效求解算法进行详细介绍，以达到帮助读者深入了解算法工作机制的目的。通过逐步引导，本书旨在帮助读者理解这些算法如何在组合优化问题的求解中运作，以及如何根据具体问题调整算法以获得最佳性能。在每一章的案例研究中，我们都提供了详细的算法实现、结果分析，以及对算法有效性的评估测试。这不仅可以加深读者对理论的理解，还可以提高读者将这些理论应用于实践的能力。

本书作为一本深入浅出的实用指南，适合作为组合优化、智能决策和其他相关领域的研究者、专业人士以及对这一领域有浓厚兴趣的学生的进阶读物与参考书。希望本书能帮助读者更好地理解如何根据不同的工作需求定制化地设计元启发式算法，从而实现对复杂优化问题的高效求解。

在此,我要感谢在本书写作过程中给予我直接帮助的人,他们是:我的博士研究生导师Jin-Kao Hao 教授,他为本书第四、五、六章中的算法设计提供了全面的指导和支持;北京邮电大学的学生王奕婷、阳宇珊、李心悦、有清华、雷丹、吕昕、贾宪彭、栗俊琦等,他们在本书的参考文献整理、数据处理、格式编排等环节提供了帮助。同时,感谢为我提供支持和鼓励的朋友、同事和家人。最后,感谢所有提供建议和反馈的同行专家,是他们的贡献让本书变得更加完善和丰富。

我希望本书能为读者打开一个新的视野,让大家不仅能够了解元启发式算法的强大功能,还能够亲手应用这些知识解决实际科研工作中遇到的问题。祝愿每位读者都能在元启发式算法的世界中找到属于自己的道路,开拓更广阔的疆域。

祝学习愉快,探索无限!

魏泽群
2024 年 5 月 6 日

目　　录

第 1 章

绪　　论

1.1　背包问题介绍

1.1.1　背包问题定义

背包问题(Knapsack Problem,KP)是一个经典的组合优化问题,通常用来描述在给定背包容量下,如何选择一组物品放入背包,使得物品的总价值最大化。该问题可追溯到1897年数学家托比亚斯·丹齐格[1](Tobias Dantzig,1884—1956)的早期文献,具体来说,给定一组物品,每个物品具有自己的重量和价值,同时给定背包的容量限制,我们需要选择一些物品放入背包,使得放入背包的物品总价值最大化,同时满足物品的总重量不能超过背包的容量限制。

从一组可行的物品中进行决策时,最简单的决策形式是在两个选项中做出选择。这种二元决策在定量模型中表示为二元变量 $x \in \{0,1\}$,其中,$x=1$ 表示接受该物品;$x=0$ 表示拒绝该物品。在现实生活中,许多决策过程都可以用若干个二元决策的组合来表示。在线性决策基本模型中,整个决策过程结果的评估标准是每个二元决策相关的值的线性组合。当然,考虑到决策之间的相互依赖性,还可以使用二次函数来表示决策过程的结果。同时,在实践中确定某一候选解可行性的过程可能非常复杂,因为二元决策可能相互影响,甚至相互矛盾。

一般来说,线性决策模型被定义为 n 个代表二元决策的二元变量 $x_j \in \{0,1\}$,在第 j 个二元决策中选择第一个物品($x_j=1$)所得到的利润价值为 p_j。不失一般性地,假设对两个选项 $x_j=1$ 和 $x_j=0$ 进行合理分配后,总有 $p_j \geqslant 0$。在所有 n 个二元决策上作出的特定选择相关的总利润价值被定义为所有 $x_j=1$ 时,对应的利润价值 p_j 的总和。

接下来,我们考虑一类决策问题,在这类问题中,可以用每个二元决策的系数线性组合来评估选择某一候选解的可行性。在该模型中,选择候选解的可行性由以下的容量限制决定:在每一个二元决策 j 中,选择第一个选项 $x_j=1$ 需要消耗一定重量或资源,而选择第二个选项 $x_j=0$ 则不需要。如果所有二元决策所消耗的重量或资源之和不超过给定的阈值容

量值 c,则候选解是可行的,以上条件可以写成 $\sum_{j=1}^{n} w_j x_j \leqslant c$。把这个决策过程看作一个目标为最大化整体利润的优化问题,就形成了背包问题。

考虑以下情景:假设一个登山者正在为他的登山旅行整理背包,他必须决定应该带什么东西。给定大量可选择且在他的旅行中可能有用的物品,物品 1 到 n 都会给他带来一定程度的便利或益处(用正数 p_j 来衡量)。当然,登山者放入背包的每一件物品的重量 w_j 都会增加他必须承受的负荷。显然,登山者需要限制他的背包的总重量,即通过容量值 c 确定最大负荷。

背包问题的正式定义为:给定背包问题的一个算例,集合 N 包括 n 个物品,对于物品 j,利润为 p_j,重量为 w_j,容量值为 c(通常,所有这些值都是正整数),目标是选择 N 中的一个子集,使所选物品的总利润最大化,而总重量不超过 c。背包问题可以表述为以下线性整数规划公式的解。

$$\text{(KP) maximize} \sum_{j=1}^{n} p_j x_j \tag{1-1}$$

$$\text{subject to} \sum_{j=1}^{n} w_j x_j \leqslant c \tag{1-2}$$

$$x_j \in \{0,1\}, \quad j=1,\cdots,n \tag{1-3}$$

最优解向量用 $\boldsymbol{x}^* = (x_1^*, \cdots, x_n^*)$ 表示,最优解值为 z^*。集合 X^* 表示最优解集,即最优解向量对应的物品的集合。

背包问题是最简单的二元整数规划模型,只有一个单一的约束且系数均为正。尽管如此,在简单线性规划式(1-1)和式(1-2)中加入整数条件式(1-3),已经将 KP 纳入了"困难"问题的范畴,相应的复杂性问题将在第 3 章中讨论。

1.1.2 应用场景

背包问题在许多领域都具有丰富的应用场景,其中一个典例取自投资问题场景[2,3]:一个富有的个人或机构投资者有一定数额的钱,他想把这些钱投入有利可图的商业物品,作为决策的前期准备,投资者编制了一份候选投资清单,其中包括每项投资所需的金额 w_j 和固定时期内的预期净回报 p_j,在不考虑具体投资风险的情况下,投资者希望每项投资的二元决策的组合可以使投资的总回报尽可能大。

背包问题的另一个典例取自航空货运业务场景[4-6]。客户向货运航空公司的调度员提出一份请求清单,该清单包括每个包裹的重量 w_j 和每个请求的每重量单位费率。注意,这个费率不是固定的,而是取决于每个客户个性化的长期安排,因此公司将相应的包裹放在飞机上而获得的利润 p_j 与包裹的重量并不成正比。当然,每架飞机都有规定的最大载重量 c,所选包裹的总重量不能超过该重量 c。

背包问题同样适用于"切割"问题。假设一家锯木厂要把一根长木头进行切割,切割后的木头必须符合标准长度 w_j,其中每个长度都有一个相应的销售价格 p_j,为了使原木的利润最大化,锯木厂可以将问题表述为一个背包问题,其中原始木头的长度对应背包容量 c。

Feuerman 和 Weiss[7] 报道了学术界关于背包问题的一个有趣的例子。他们描述了康涅狄格州诺沃克市一所大学的测试程序:学生可以从给定的问题中选择一个子集进行考试,每个子集中包含 n 个问题,每个问题都有一定的"价值",表示该问题的得分。考试结束后,所有学生回答的问题都由老师打分,老师需要选择一个问题子集来确定整体评分,使这个子集的可达分数的最大值低于某个阈值。为了使学生得到最高的分数,应该自动选择子集,这样得分点就尽可能多。完成这个任务相当于解决了一个背包问题,对于第 j 个问题,w_j 代表可达分数,p_j 代表实际得分。容量 c 为所选问题的分值极限的阈值。

工业应用中的背包问题往往涉及一些额外的约束,如请求的紧迫性和优先级、每个请求的时间窗口、重量小但体积大的包等。这导致了背包问题基本模型的各种扩展和变化。由于在许多实际优化问题中出现了对基本背包模型的扩展需求,一些更通用的背包问题变种应运而生,我们将在第 3 章介绍其中的代表性问题。

除了以上已被提出的背包问题外,许多更复杂问题的求解方法都将背包问题作为子问题。因此,对背包问题的全面研究有广泛的应用前景。

1.1.3　背包问题的研究意义

背包问题作为最大化问题的最简单原型之一,几个世纪以来深受学者关注。早在 1897 年,Mathews[1] 就展示了如何将几个约束聚合成一个单一的背包约束,这在某种程度上是将一般整数规划简化为背包问题的一个原型,从而证明背包问题至少与整数规划一样难以求解。

许多组合优化技术和计算机科学都是在背包问题的背景下引入的,或与背包问题有关。诸如近似算法和动态规划等概念,最初都建立在背包问题的基础上或由背包问题加以说明。

组合优化研究和运筹学研究可以采用自上而下或自下而上的方法进行。在自上而下的方法中,研究人员开发了最困难的优化问题的求解方法,如旅行推销员问题、二次分配问题或调度问题,若开发的方法能解决这些困难的问题,则可以假设它们也能解决大量其他问题。自下而上的方法是为最简单的模型开发新的方法,如背包问题,并将其推广到更复杂的模型。以上两种方法均证明了为解决一个相对简单的问题而进行大量的研究是合理的。

Skiena[8] 报告了一项对提交给 Stony Brook 算法库的 25 万个请求的分析,以确定 75 个问题的受欢迎程度。在这个分析中,背包问题的代码是被请求次数最多的前 20 个算法之一。在比较兴趣和实际背包实现的数量时,Skiena 得出结论:背包算法是第三大需要的算法。当然,研究不应该仅仅由需求数字驱动,但分析表明,背包问题发生在许多实际应用中,因此这些问题的求解算法对不同行业和管理领域都至关重要。

1.2　优化算法介绍

对于结构化的组合优化问题,其解空间的规模能够得到控制,这类问题可以通过精确算法得到最优解。例如,当描述背包问题的简单版本时,一个直接的求解思路是尝试所有的组合,列举所有的搜索空间,这种穷举法尝试所有的 2^n 个可能的子集,其中 n 是物品的总数。在这种情况下,需要表示解向量中所有可能的 1 和 0 的赋值。当 $n=60$ 时,假设一台计算机可以在 1 s 内运行 10 亿个向量,那么 2^n 个向量将需要超过 30 年的时间来计算。这表明,当 n 变大时,运行这种暴力算法的开销会变得很大。1954 年,Bellman[9] 提出了第一个用动态规划方法求解 0-1 背包问题的算法。在 20 世纪 60 年代,Gilmore 和 Gomory[10] 对背包变种问题的动态规划算法进行了研究。Kolesar[11] 介绍了自 1967 年以来该问题的第一个分支定界算法。

当问题的规模继续逐渐增大时,求解这些问题最优解需要的计算量与存储空间的增长速度非常快,从而导致"组合爆炸",使得在现有的计算能力下,通过各种枚举方法、精确算法寻找并获得最优解几乎变得不可能。例如,NP-hard 问题在多项式时间内难以求解。为解决这类问题,就有了用近似最优解代替(或用近似方法找出)最优解的思想。

近似方法分为近似算法和元启发式算法。近似算法通常能得到一个有质量保证的解。元启发式算法通常可在传统解决问题的经验中寻求针对某一问题的策略,然后用这种策略在可行时间内寻找一个质量比较好的解,但无法保证解的质量。

元启发式算法通过使用启发式函数对可能的未来状态进行评估来指导搜索过程。在搜索过程中,算法会优先考虑那些看起来可能会得到更好结果的状态。如果在搜索中遇到某个状态的评估结果不如已经探索过的最佳解,那么这个状态就可以被舍弃。然而,元启发式算法的本质仍旧是遍历所有状态,因此要确定最优解,耗时仍然巨大。因此,在实际的元启发式算法设计过程中往往加入一条限制:如果计算时间已经达到可承受的极限,则放弃剩下部分的搜索,直接以当前找到的最好结果为最终结果。但是,这样利用元启发式算法得到的结果无法从理论上证明是最优解。

近似算法和元启发式算法最大的区别在于,是否有理论证明保证近似比。评价近似算法的好坏基于其解与最优解的差距,即近似比的大小。如对背包问题而言,常用贪婪策略解决问题并证明其近似比,实验的作用是证明其理论分析的正确性。由于元启发式算法策略表示性差,难以给出上下界证明,实际中往往针对问题的不同算例输入进行数值模拟,并观察其效果。如在测试集中验证其算法有效性时,实验中通常在多个数据集中比较其算法有效性,即元启发式算法通常是以问题为导向的,没有一个通用的框架,需要针对不同的问题定制化地设计不同的启发式算法,以高效解决组合优化问题。

第 2 章

元启发式算法概述

求解组合优化问题的方法通常可分为精确算法和元启发式算法。精确算法通过系统地遍历搜索空间来找出最优解,其运行时间随着问题规模的增加而呈指数增长,适用于问题规模较小、组合规模较少的问题。元启发式算法则利用启发式规则指导搜索方向,可以在合理的时间内求出可行解,效率较高并且具有实用性,适用于大规模的复杂问题。元启发式算法是一种基于直观或经验构造的算法,能够在可接受的开销(时间和空间)内给出待解决组合优化问题的一个可行解。元启发式算法可以用于求解 NP-hard 问题,其中 NP 是指非确定性多项式(Non-deterministic Polynomial-time)。值得一提的是,启发式算法和元启发式算法都是解决复杂优化问题的方法,二者本质上的目标均为寻找问题的可行解。其中,启发式算法通常针对特定问题量身定做,利用该问题的特性和领域知识来指导搜索过程。元启发式算法是一类更为通用的算法,能够用于解决广泛的优化问题,而不是针对某一具体问题。本章将对模拟退火(Simulated Annealing,SA)、禁忌搜索(Tabu Search,TS)、遗传算法(Genetic Algorithm,GA)、迭代局部搜索(Iterated Local Search,ILS)、变邻域搜索(Variable Neighborhood Search,VNS)、模因算法(Memetic Algorithm,MA)这六种元启发式算法进行详细阐述。

2.1 模 拟 退 火

2.1.1 模拟退火的算法思想

模拟退火是一种基于局部搜索的启发式算法[12],这一算法的思想借鉴固体的退火原理[13]:当固体的温度较高时,内能也较大,固体的内部粒子处于快速无序运动状态;在温度逐渐降低的过程中,固体内能减小,粒子趋于有序;最终,当固体处于常温时,内能最小,粒子也最稳定。模拟退火便是基于上述原理设计而成的算法,即通过对当前状态下的随机扰动与目标函数值之间的关系进行统计研究,以一定概率接受或者拒绝新的状态,从而降低系统能量并达到全局最优解。

2.1.2　模拟退火的算法基本流程

模拟退火的算法基本流程[14-16]如下。

(1) 初始化:确定初始化温度 T(足够大的值),初始解 S。

(2) 选择与终结:随机生成邻域解 $S' \in N(S)$,设置 $f(x)$ 函数用于判断解的质量,若随机生成的邻域解不比当前解差,则接受新生成的邻域解,用该解替换当前解;反之,说明随机生成的邻域解比当前解更差,则以概率 $p(\Delta f, T)$ 接受邻域解。

(3) 迭代:如果当前温度足够低时,则退出循环,输出当前结果;否则降低当前温度,回到第(2)步继续循环,常用的降温方法为 $T = aT(0 < a < 1)$,一般 a 取接近 1 的值。

2.1.3　关于概率 p

此概率为接受比当前解质量差的邻域解的概率,它由两个因素决定。

第一个因素是邻域解和当前解的质量差值。假定邻域解比当前解差,并且两者差距较大,则接受该邻域解的概率较小。反之,假定虽然邻域解与当前解相比质量较差,但两者差距较小,在这种情况下接受此邻域解的概率更大。

第二个因素是温度,此因素与迭代次数相关。在搜索算法启动初期,搜索次数较少,此时当前解的质量较差,在此基础上随机生成的邻域解质量也较差,此时接受这个较差邻域解的代价较小。随着搜索次数的增加,当前解的质量已经非常高,此时若用较差的邻域解替代当前解,代价就变大了。因此,初始温度可以较高,即接受质量较差的邻域解的概率较大;随着迭代次数的增加,T 值越来越小,即接受质量较差的邻域解的概率越来越小;当温度接近零时,接受质量较差的邻域解的概率趋零。模拟退火的这种选择策略,使得搜索的每一步都有可能接受一个质量更差的解,通过这种方式,可以避免搜索陷入"局部最优"的陷阱。

2.1.4　模拟退火的算法伪代码

模拟退火的算法伪代码如算法 2-1 所示。具体而言,模拟退火算法启动时,首先设定一个初始解作为起点,然后算法进入一个迭代循环,在这个循环里,它不断地探索新的解。对于每一个新解,算法计算它与当前解的差异并根据差异和当前的"温度"决定是否将其作为新的当前解;即使这个新解的质量不如当前解,算法仍然可能接受它,以便跳出"局部最优"的陷阱。在温度逐步降低的过程中,这种接受差解的概率也随之减小,使得算法越来越倾向于稳定在一个解上。同时,如果在探索过程中找到了比任何之前解都好的解,则将其记录为最优解。这个过程一直持续到满足停止条件,比如达到了最大的迭代次数或温度降到了某个阈值。最终,算法返回所记录的最优解作为问题的最佳找到解。通过这种方式,模拟退火在寻找最优解的过程中模仿了物理中的退火过程,旨在兼顾算法的局部搜索能力和扩散能力,提高找到全局最优解的概率。

算法 2-1 Simulated Annealing

1: Pick an initial configuration S in the search space;

2: $S^* \leftarrow S$;

3: $T = T_0$;

4: **repeat**

5: nb_moves $= 0$

6: **for** $i = 1$ **to** iter_step

7: Pick randomly $S' \in N(S)$;

8: calculate $\Delta f = f(S') - f(S)$;

9: **if** CritMetropolis$(\Delta f, T)$ **then**

10: $S \leftarrow S'$;

11: **if** $f(S) < f(S^*)$ **then** $S^* \leftarrow S$;

12: nb_moves $=$ nb_moves $+ 1$;

13: acceptance_rate $= i/$nb_moves;

14: Adjust iter_step;

15: $T = T \times$ coeff;

16: **until** Stopping condition

17: **return** S^*

2.2 禁 忌 搜 索

2.2.1 禁忌搜索的算法思想

禁忌搜索也是一种基于局部搜索的启发式算法,与模拟退火不同,禁忌搜索算法通过引入"禁忌列表"(Tabu List,TL)来避免搜索过程中陷入"局部最优"陷阱,从而提高搜索效率。禁忌列表是用来存放(记忆)禁忌对象的表,禁忌对象通常为某种移动操作(Move Operator,MO)或者某个解。在禁忌搜索中,每个候选解都有一个与之相关的禁忌列表,其中包含已经访问过的解的信息。这些信息用于指导搜索过程,并防止搜索陷入局部最优解。在搜索过程中,禁忌列表中的信息会随着时间的推移而过期,该时间被称为禁忌期限(Tabu Tenure,TT),使搜索能够逐渐探索更广泛的搜索空间[17]。

2.2.2 禁忌搜索的算法基本流程

禁忌搜索的算法基本流程[17-20]如下。

（1）初始化：在搜索空间随机生成一个初始解 i，禁忌列表 TL 置空，并将当前解 i 记为历史最优解 s。

（2）选择与终止：在当前禁忌列表 TL 的限制下，构造出解 i 的邻域 A，在不参照当前解的前提下，从 A 中选出目标函数值最好的解 j 来替换解 i，同时更新禁忌列表 TL。在进行替换后，若解 i 的质量变好，则历史最优解 s 将被解 i 替换；反之，则 s 保持不变。虽然会面临解 i 质量暂时变差的情况，但是由于搜索空间扩大，可以避免陷入"局部最优"的陷阱。

（3）迭代：得到新的当前解 i 后，算法返回步骤（2）继续迭代，直到找到最优解，或者在运行了一定的迭代次数后达到终止条件时结束算法。

2.2.3 评估函数与禁忌列表

前文阐述了禁忌搜索"选择质量最优的邻域解"的策略可以避免陷入"局部最优"的陷阱，即把当前解所有的邻域解都进行评估，但是这种做法的计算代价是较大的。那么用何种迭代计算技术才能高效地评估每一个邻域解的质量呢？计算邻域解的目标函数值建立在当前的目标函数值的基础上，而邻域解与当前解的差别往往只是一个变量的值，基于以上两个信息，可以用适合的数据结构并采用递增的技术计算，从而高效评估出每一个邻域解的质量。

除了要解决"局部最优"问题，在迭代的过程中，还可能出现搜索多次后又回到过去得出的解的情况，从而进入死循环。为了避免循环问题，禁忌搜索引入了另外一个策略——禁忌列表。禁忌列表的原理是使用特殊的数据结构记录已经得到的解，从而避免继续迭代时再回到曾经的解中。在实际操作中，为了减少内存的代价，禁忌列表不会记录完整的解，那么应如何记录不断迭代的解呢？在局部搜索中，从当前解迭代到邻域解，由于两者的差异往往只在一个变量上，所以禁忌列表只需要存储两者之间的变化即可。

2.2.4 禁忌搜索的算法伪代码

禁忌搜索的算法伪代码如算法 2-2 所示，本例以求问题最小值为目标。其中的参数含义为：i 为当前解；s 为最优解；TL 为禁忌列表；k 为当前代数。具体而言，算法从随机生成的初始解开始，对这个解进行评估以确定其目标函数值。接着，进入一个循环过程，在该过程中算法持续搜索邻域中的解，并根据禁忌列表来避免接收已经得到的解。在每一次迭代中，算法都会从不在禁忌列表中的邻域解中选择目标函数值最优的解，并更新禁忌列表从而添加或排除某些解。如果新选出的解比当前最优解更好，就会更新当前最优解。这个过程会重复执行，直到满足停止条件，比如达到了预定的迭代次数或者解的质量不再提升。最后，算法输出当前找到的最优解。禁忌搜索通过在系统地探索解空间的同时避免循环搜索，提高了找到高质量解的概率。

算法 2-2 Tabu Search

1： //Initialization
　　Randomly generate a solution i, and evaluate its fitness $f(i)$;
2： $s=i$; $k=0$; TL$=\{\}$;
3： **while** not stop
4：　　//Generate the neighbor solutions
5：　　$A=N(i,H)$
6：　　$i=$ Select_Best_Solution (A);
7：　　Update the tabu list TL;
8：　　**if** $f(i)<f(s)$
9：　　　$s=i$;
10：　　**end if**
11：　　$k=k+1$;
12： **end while**
13： **return** s

2.3 遗 传 算 法

2.3.1 遗传算法的算法思想

遗传算法是进化算法的一种,进化算法借鉴了进化生物学中的遗传、突变、自然选择以及杂交现象而发展起来的。遗传算法思想源于自然界"自然选择"和"优胜劣汰"的进化规律,通过模拟生物进化中的自然选择和交叉变异寻求全局最优解。该算法最早由美国密歇根大学教授 John H. Holland 于 1975 年提出[21],最经典的遗传算法被称为简单遗传算法,其中有一个假设:任何问题都可以转换为基于二进制编码(二进制字符串)的 0-1 问题。遗传算法用评估函数计算染色体对应的适应值(目标函数值),通过比较适应值区分染色体的优劣,适应值越大,染色体越优秀。遗传算法中的交叉算子作用于每两个成功配对的染色体,染色体交换各自的部分基因,形成两个子代染色体。子代染色体取代父代进入新种群,而没有配对的染色体自动进入新的种群。

2.3.2 遗传算法的算法基本流程

遗传算法的算法基本流程[22,23]如下。

(1) 初始化:初始化规模为 N 的群体,并用评估函数对群体中所有染色体进行评价,计算适应值,保存适应值最大的染色体 Best。

（2）交叉：每两个进行交叉的父代染色体交换部分基因产生两个新的子代染色体。例如，单点交叉算符随机取交叉点，将两解交叉点右侧（或左侧）互换，如图 2-1 所示，子代染色体取代父代染色体进入新种群，没有进行交叉的染色体直接复制进入新种群。

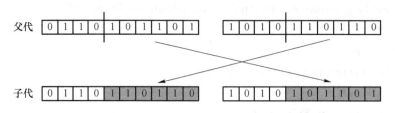

图 2-1　交叉操作示意图

（3）变异：如图 2-2 所示，发生变异的基因数值发生改变，变异后的染色体取代原有染色体进入新群体，未发生变异的染色体直接进入新群体。

图 2-2　变异操作示意图

（4）迭代：变异后的新群体取代原有群体，重新计算群体中各个染色体的适应值，若该群体的最大适应值大于 Best 的适应值，则以该最大适应值对应的染色体替代 Best，并将当前进化代数 Generation 加 1。如果 Generation 超过规定的最大进化代数或 Best 达到规定的误差要求，则算法结束，否则返回第（2）步。

2.3.3　遗传算法的算法伪代码

遗传算法的算法伪代码如算法 2-3 所示。其中，$P(t)$ 表示某一代的种群；t 为当前进化代数；S_b 表示目前已找到的最好解。具体而言，算法首先初始化一个种群，并对种群中的每个个体进行评估以确定它们的目标函数值。算法保留当前种群中目标函数值最高的个体作为最佳解。随后，算法进入一个循环，每次循环都会通过选择、交叉和变异操作生成新一代的种群。选择操作根据个体的目标函数值选择父代，交叉操作允许父代交换遗传信息产生子代解，而变异操作则随机改变子代解的某些遗传特征。在新一代的种群经过评估后，算法检查是否有个体超越了先前保留的最佳解，如果有，就会更新这个最佳解。这个过程重复进行，直到满足特定的停止条件，如达到最大迭代次数或最佳解的目标函数值不再提升。最终，算法结束并返回搜索过程中找到的最好解。

算法 2-3　Genetic Algorithm

1：　$t \leftarrow 0$;

2：　Initialize_population($P(t)$);

3：　Evaluate($P(t)$);

4：　$S_b \leftarrow$ Record_best ($P(t)$);

5：　**while**(Stopping condition not met) **do**

```
6:      P(t) ← Selection(P(t));
7:      P(t) ← Crossover(P(t));
8:      P(t) ← Mutation(P(t));
9:      t ← t+1;
10:     P(t) ← P(t-1);
11:     Sb ← Update_best(P(t));
12:     P(t) ← Update_population(P(t));
13: end while
14: return Sb
```

2.4 迭代局部搜索

2.4.1 迭代局部搜索的算法思想

迭代局部搜索是非常高效的方案。该算法在局部搜索算法的基础上加入迭代过程,即在前一轮搜索的基础上或者目前最好的解的基础上加入扰动从而生成新解,并循环此过程[24]。

2.4.2 迭代局部搜索的算法基本流程

迭代局部搜索的算法基本流程[25-27]如下。

(1)初始化:设置初始化程序,获得一个可行的初始解 s_0。

(2)获得局部最优解:从初始解 s_0 进行局部搜索,找到一个局部最优解 s^*。

(3)迭代式更新局部最优解:根据搜索历史信息执行扰动程序,获得一个新的当前解 s,再次执行局部搜索改进当前解 s,并有条件地更新当前已知的最好解 s^*。该步骤迭代执行,直到达到给定的终止条件。

2.4.3 迭代局部搜索的算法伪代码

迭代局部搜索的算法伪代码如算法 2-4 所示。首先,算法对初始解进行局部搜索,以找到一个局部最优解。然后,算法进入一个重复的过程,该过程包括扰动当前的最优解来跳出局部最优,接着再次应用局部搜索以寻找新的局部最优解。如果新的解比现有的最优解更好,则接受它;否则,根据特定的接受准则决定是否接受新解。这个迭代过程一直进行,直到达到了预定的终止条件,如达到了特定的迭代次数或解的质量不再改进。最后,算法输出在整个搜索过程中找到的最好解。

算法 2-4   Iterated Local Search

1： **input**：Initial solution s_0

2： **output**：Best solution found

3： $s^* = $ Local search(s_0) ;

4： **repeat**

   $s' = $ Perturb $(s^*$, search history) ；//Obtain a local optimum by perturbation

5： $s^{*'} = $ Local search (s') ；   //Apply local search to the perturbed solution

   $s^* = $ Accept$(s^*$, $s^{*'}$, search memory) ；

6： **until** Stopping condition

7： **return** s^*

2.5   变邻域搜索

2.5.1   变邻域搜索的算法思想

变邻域搜索是一种改进局部搜索算法[28]，该算法利用不同邻域结构进行交替搜索，在强化搜索能力(Exploration)和扩散能力(Exploitation)之间达到很好的平衡。变邻域搜索算法基于两个事实：一个邻域结构的局部最优解不一定是另一个邻域结构的局部最优解；全局最优解是所有可能邻域的局部最优解。变邻域搜索算法主要由变邻域下降搜索(Variable Neighborhood Descent ,VND)和扰动过程两个部分组成。

2.5.2   变邻域搜索的算法基本流程

变邻域搜索的算法基本流程[29-31]如下。

（1）初始化：给定初始解 S，定义 m 个邻域。

（2）选择与终结：使用邻域结构 N_i 进行搜索，若能找到一个比 S 更优的解 S'，则令 $S=S'$，$i=1$。如果搜遍邻域结构 N_i 仍找不到比 S 更优的解，则令 $i++$。

（3）迭代：若 $i \leqslant m$，则回到步骤（2）进行循环。

2.5.3   变邻域搜索的算法伪代码

变邻域搜索的算法伪代码如算法 2-5 所示。算法从一个初始解 S 开始，进入一个迭代过程，在每一次迭代中，以一定方式在当前邻域中选择一个新解 S'。接着，对这个新解 S' 进行局部搜索，试图在这个邻域结构中找到一个更好的解 S''。如果找到了一个更好的解，就更新当前解；如果没有，就在另一个邻域 N_k 中重复这个过程，直到满足一定的停止条件。最终，算法输出在整个搜索过程中找到的最好解。这种变邻域搜索策略允许算法在不同邻域结构上探索解空间，并有机会找到全局最优解或者高质量的近似解。

算法 2-5 Variable Neighborhood Search

1： **input**：a set of neighborhood structures N_k for $k=1,\cdots,k_{\max}$ for shaking

2： **output**：best solution found

3： $S=S_0$；

4： **repeat**

5：　　**for** $k=1$ **to** $k_{\max}$ **do**

6：　　　Shaking：pick a random solution S' from the kth neighborhood $N_k(S)$ of S；

7：　　　Local search by VNS；

8：　　　**for** $l=1$ **to** $l_{\max}$ **do**

9：　　　　Find the best neighbor S'' of S' in $N_l(S')$；

10：　　　　**if** $f(S'')<f(S)$ **then** $S=S'$；$l=1$；

11：　　　　**otherwise** $l=l+1$；

12：　　　Move or not：

13：　　　　**if** local optimum is better than S **then**

14：　　　　　$S=S''$；

15：　　　　　Continue to search with $N_l(k=1)$；

16：　　　　**otherwise** $k=k+1$；

17： **until** Stopping condition

18： **return** Best solution found

2.6　模　因　算　法

2.6.1　模因算法的算法思想

模因算法并不是作为特定的优化算法而提出的，而是作为受思想传播（或称文化基因）启发并由多个现有算法模块构成的一类广泛的算法[32]。由于进化算法以及群体智能优化算法，在面对大规模、复杂的优化问题时，存在着收敛速度慢、难以寻到高精度的解的缺点，而在这些算法的基础上，引入局部搜索方法，将有效地提高计算智能方法的求解效率和精度，因此模因算法应运而生。模因算法实际上是基于群体的计算智能方法与局部搜索方法相结合的一类新型的优化技术。

2.6.2　模因算法的算法基本流程

模因算法的算法基本流程[33-35]如下。

（1）初始化：初始种群通常情况下随机产生，初始种群的选择应确保种群的多样性，并对初始种群的每一个个体进行局部搜索，用每个个体邻域内的最优个体替换该个体，形成新的初始种群。

（2）选择与终结：采用遗传算法中的交叉算子或变异算子，或两者均使用，其最主要的作用是为子代解进行局部改进，目标是尽可能提高子代解的质量。通常情况下，进化操作和局部搜索会使种群数目大于初始种群的数目，为了保证种群的多样性，可以采用轮盘赌选择、截断选择、锦标赛选择等方法选出较优的个体形成新的种群。

2.6.3　模因算法的算法伪代码

模因算法的算法伪代码如算法 2-6 所示。算法从初始化种群开始，对种群中的每个个体进行局部搜索以改进其解。在对这些改进后的个体进行目标函数值评估后，算法进入主循环。在循环中，通过选择、交叉和变异操作生成新的个体，并再次通过局部搜索进一步优化这些新个体，然后评估其目标函数值和更新种群。这个过程重复执行，直到满足停止条件，比如达到最大迭代次数或目标函数值收敛。最终，算法输出迄今为止找到的最优解。模因算法结合了遗传算法的全局搜索能力和局部搜索的精细探索能力，旨在更有效地搜索问题的最优解或近似最优解。

算法 2-6　Memetic algorithm

1：　$t=0$；

2：　$P(t) \leftarrow \text{initPop}()$；

3：　$P(t) \leftarrow \text{localSearch}(P(t))$；

4：　$\text{evaluateFitness}(P(t))$；

5：　**while** Stopping condition not met **do**

6：　　　$P'(t) \leftarrow \text{selectForVariation}(P(t))$；

7：　　　$P'(t) \leftarrow \text{recombine}(P'(t))$；

8：　　　$P'(t) \leftarrow \text{mutate}(P'(t))$；

9：　　　$P'(t) \leftarrow \text{localSearch}(P'(t))$；

10：　　　$\text{evaluateFitness}(P'(t))$；

11：　　　$P(t+1) \leftarrow \text{selectNewPop}(P(t), P'(t))$；

12：　　　$t=t+1$；

13：**end**

14：**return** Best solution found

第3章

背包问题变种介绍

3.1 子集求和问题

子集求和问题（Subset Sum Problem，SSP）可以看作背包问题的一个特殊情况。考虑这样一个情况：如果每个物品的重量同时是它的价值（重量和价值是相同的），那么子集求和问题就转化为求解能否达到某个特定的价值的背包问题。

3.1.1 问题简介

子集求和问题的定义如下：

给定一组 n 件物品和一个背包，每个物品都对应一个重量。令：

$$w_j = 物体\ j\ 的重量$$
$$c = 背包容量$$

选择所有物品的一个子集，要求子集内所有物品的重量总和 z 接近但不超过 c，即：

$$\text{maximize} \quad z = \sum_{j=1}^{n} w_j x_j \tag{3-1}$$

$$\text{subject to} \quad \sum_{j=1}^{n} w_j x_j \leqslant c \tag{3-2}$$

$$x_j = 0 \text{ or } 1, \quad j \in N = \{1, \cdots, n\} \tag{3-3}$$

其中：

$$x_j = \begin{cases} 1, & 如果物品\ j\ 入选 \\ 0, & 如果物品\ j\ 未入选 \end{cases}$$

该问题与丢番图方程（Diophantine equation）有关。

$$\sum_{j=1}^{n} w_j x_j = \hat{c} \tag{3-4}$$

$$x_j = 0 \text{ or } 1, \quad j = 1, \cdots, n \tag{3-5}$$

即子集求和问题的最优解值是使式（3-4）和式（3-5）有解的最大的 $\hat{c}$ 小于 c。

子集求和问题也被称为价值无关背包问题,是 0-1 背包问题的一个特殊情况:当对所有 j 均有 $p_j = w_j$ 时,每件物品的价值和重量都相同。因此,在不丧失一般性的情况下,有如下假设:

$$w_j \text{ 和 } c \text{ 均为正整数} \tag{3-6}$$

$$\sum_{j=1}^{n} w_j > c \tag{3-7}$$

$$\text{对 } j \in N, \quad w_j < c \tag{3-8}$$

子集求和问题是一个决策问题,求解是否存在一个 N 的子集,使其对应的权重加起来正好等于背包容量 c。该问题在密码学中应用广泛,通常情况下,子集求和问题的唯一解对应于要传输的密钥。

3.1.2 求解算法

子集求和问题可以通过动态规划算法在伪多项式时间内求解最优性,但由于该问题结构简单,使用自适应算法可以达到更好的效果。对子集求和问题中所有基于某种连续松弛的上界,给出普通边界 $U = c$。因此,尽管子集求和问题原则上可以用分支定界算法求解,但其缺乏紧边界可能产生巨大的计算工作量。

求解子集求和问题的一个著名方法是完全多项式近似算法,该算法由 Ibarra 和 Kim[36] 提出,他们将物品分为小物品和大物品,对大物品的重量进行缩放,然后通过动态编程以最佳方式解决缩放重量和容量的问题,同时使用贪婪算法添加小物品。后来,Lawler[37] 改进了该算法,提出了一个更有效的缩放方法。Lawler 又将他最初的方法与 Karp[38] 的结果相结合,使运行时间缩短。2003 年,Hans 等人[39] 提出了一种完全多项式近似算法,该算法比以前的近似算法有更好的时间和空间复杂度,计算结果表明,该算法高效求解了最多 5 000 个物品的算例,保证相对误差小于 1/1 000。

3.2 多重背包问题

3.2.1 问题简介

多重背包问题(Multiple Knapsack Problem,MKP)定义如下:

给定一组 m 个容量为 $c_i (i = 1, \cdots, m)$ 的容器(背包)和一组 n 个具有利润 p_j 和重量 $w_j (j = 1, \cdots, n)$ 的物体(物品),多重背包问题为:选择 m 个不相交的物品子集(每个背包对应一个物品),使得背包中物品的总重量不超过其容量,所选物品的总利润最大。

当 $m = 1$ 时,多重背包问题可转化为单背包问题[40]。当 $j = 1, \cdots, n, p_j = w_j$ 时,多重背包问题可转化为多重子集和问题[41](Multiple Subset Sum Problem,MSSP)。此外,当存在唯一一个背包时,MSSP 被称为(单一)SSP 问题[40,42]。最后,所有物品都有相同利润、所有背包都有相同容量的多重背包问题被称为最大基数装箱问题[43](Maximum Cardinality Bin

Packing Problem，MCBPP）。

多重背包问题的一个相关推广，即广义分配问题，表述为每个物品的利润取决于它被分配到的背包，即利润为 $p_{ij}(i=1,\cdots,m; j=1,\cdots,n)$。

上述的单容器问题（背包问题与子集和问题）可以通过划分问题的变换[44]来证明是弱 NP 困难的，而所有其他的问题都是通过 3-partition 问题的变换[45]来证明是强 NP 困难的。

Dyckhoff[46]对多重背包问题进行了分类，该问题在 Wäscher、Haußner 和 Schumann[47]提出的类型学中被称为一维多重异质背包问题（Multiple Heterogeneous Knapsack Problem，MHKP）。

多重背包问题在现实世界中具有重要应用。Eilon 和 Christofides[48]提到了该问题在车辆和集装箱装载中的应用。Ferreira、Martins 和 Weismantel[49]描述了大型计算机处理器的设计、电子电路的布局以及巴西甘蔗酒精生产中的现实问题，这些问题与多重背包问题密切相关。Kalagnanam、Davenport 和 Lee[50]在一种复杂的方法中使用多重背包问题描述需求不可分割情况下的市场清算问题。Simon、Apte 和 Regnier[51]通过 MKP 模拟了在没有外部支持的情况下维持作战能力的问题（通常出现在人道主义援助、救灾以及军事行动中）。Kellerer 等人[42]提到了多重背包问题的多种实际应用。

一个经典的、直观的多重背包问题模型可以通过引入二元变量 x_{ij} 来定义。

$$x_{ij}=\begin{cases}1, & \text{如果物品 } j \text{ 被装入背包}\\ 0, & \text{如果物品 } j \text{ 未被装入背包}\end{cases}$$

数学表达如下：

$$\max z = \sum_{i=1}^{m}\sum_{j=1}^{n}p_j x_{ij} \tag{3-9}$$

$$\text{s.t.} \quad \sum_{j=1}^{n}w_j x_{ij} \leqslant c_i, \quad i=1,\cdots,m \tag{3-10}$$

$$\sum_{i=1}^{m}x_{ij} \leqslant 1, \quad j=1,\cdots,n \tag{3-11}$$

$$x_{ij}\in\{0,1\}, \quad i=1,\cdots,m, \quad j=1,\cdots n \tag{3-12}$$

其中，目标函数(3-9)使物品的利润最大化；约束条件(3-10)要求尊重每个背包的容量；约束条件(3-11)确保每个物品最多只能装在一个背包中。在不失一般性的前提下，我们假设每个背包至少可以包含一件物品，并且每个物品至少可以包含在一个背包中，即 $\min_j\{w_j\}\leqslant\min_i\{c_i\}$ 且 $\max_j\{w_j\}\leqslant\max_i\{c_i\}$。等效模型可通过以下方式得到：

（1）定义二元变量 $t_j(j=1,\cdots,n)$，如果选择物品 j，则取 1，否则取 0；

（2）增加约束条件 $t_j=\sum_{i=1}^{m}x_{ij}(j=1,\cdots,n)$；

（3）将目标函数中的变量 x 替换为变量 t。

3.2.2 求解算法

本节简要介绍求解多重背包问题的 2 种主要方法：启发式算法和分支定界算法。

1. 启发式算法

Fisk 和 Hung[52]首次提出多重背包问题的启发式算法。该方法是一种非多项式时间算法,具体包括:(1)将原问题进行松弛,精确解决一个替代问题,即将多个背包合并成一个背包,其容量是所有背包容量的总和;(2)通过贪婪插入和局部交换操作,尝试将选中的物品放入原始的多个背包中,得到可行解。

Martello 和 Toth[53]提出了各种基于贪婪算法的多项式时间启发式算法,以及借助贪婪解重排的局部搜索过程。这些算法在多达 1 000 件物品和 100 个背包的算例上进行了测试,后来又在多达 10 000 件物品和 40 个背包[40]的更大的算例上进行了测试。

Lalami 等人[54]通过动态规划[55]递归地解决不同单背包问题。他们在多达 100 000 件物品和 100 个背包的算例上进行了测试,获得了更好的 Gap 值和更短的时间,这些算例由 Martello 和 Toth[53]提出。

Fukunaga 等人[56,57]提出了多种遗传算法,并在多达 300 个物品和 100 个背包的算例上进行了测试。这些方法可以获得比 Martello 和 Toth[53]更好的结果,但是以更长的执行时间为代价。

Laalaoui[58]实验了两种交换启发式方法来改进 Martello 和 Toth[53]产生的解。该方法后来由 Laalaoui 和 M'Hallah 扩展[59]为一种使用链表数据结构和动态阈值接受标准的可变邻域搜索算法,并在多达 4 800 件物品和 2 400 个背包的算例上进行了测试。结果显示,该算法性能优于 Martello 和 Toth[53]的算法和 Fukunaga[57]的遗传算法。

众所周知,多重背包问题不可能具有完全多项式时间近似算法[40]。Chekuri 和 Khanna[60]为多重背包问题开发了多项式时间近似算法,Caprara、Kellerer 和 Pferschy[41]为 MSSP 开发了多项式时间近似算法。对于所有背包容量相同的特殊 MSSP 情况,Caprara、Kellerer 和 Pferschy[61]又提出了一种多项式时间 3/4-近似算法。

2. 分支定界算法

最早的多重背包问题分支定界算法(Branch and Bound Algorithm)是由 Ingargiola 和 Korsh[62]、Hung 和 Fisk[63]以及 Martello 和 Toth[64]提出的。Martello 和 Toth[65]提出了一种特殊的枚举算法——分支定界算法,可以获得更快的计算效率。这些算法包括通过容量约束的代理松弛和拉格朗日松弛得到的上界计算,Martello 和 Toth[40,53]分别在 1981 年[53]和 1990 年[40]采用松弛技术对该问题进行求解。

后来,Pisinger[66]导出了一个更有效的精确程序 MULKNAP,能够精确求解多达 100 000 个物品和 10 个背包的大规模算例。Fukunaga 等人[67,68]通过将约束规划和人工智能技术集成到求解器中,改进了 MULKNAP 定界和定界算法的性能,该求解器对具有高 n/m 比率特征的算例特别有效(但对于具有较小比率的算例有更多困难)。Bergner 和 Dahms[69]报道了 Dantzigg-Wolfe 重构中异质聚集的测试结果。

3.3 多维选择背包问题

3.3.1 问题简介

多维选择背包问题(Multidimensional Multiple-choice Knapsack Problem,MMKP)是

背包问题中最复杂的问题之一,它是多重选择背包问题(Multiple-Choice Knapsack Problem,MCKP)和多维背包问题(Multidimensional Knapsack Problem,MKP)的结合。在多维选择背包问题中,物品被划分为组,并且必须从每个组中选择一个物品。在该问题中,可用的资源不止一种,每个物品都与一个权重向量相关联,该权重向量表示其消耗的非负资源数量,且所选物品不能超过可用的资源总量。多维选择背包问题是一个强 NP 困难的组合优化问题,它出现在许多实际应用中,如资本预算、Shih[70] 的货物装载、Gilmore 和 Gomory[5] 的削减库存问题以及 Mansini 和 Speranza[71] 的金融资产证券化问题等。

多维选择背包问题定义如下:

设 $G = \{G_1, G_2, \cdots, G_n\}$ 是 n 个不相交的物品(组或类)集合的集合,它们可能具有不同的基数 $n_i = |G_i|$,$i = 1, \cdots, n$,令 $R = \{1, \cdots, m\}$ 是一组资源,每种资源的上限值为 c_r,$r = 1, \cdots, m$。每项可记为一对 (i,j),其中 $i = 1, \cdots, n$,$j = 1, \cdots, n_i$,每种资源具有非负利润 p_{ij},并且消耗预定义的非负数量 w_{ij}^r。用 N 表示所有物品的集合。MMKP 要求在不违反资源约束的情况下,为每个组精确地选择一个物品,并寻找使总利润最大化的物品子集。MMKP 的数学模型如下:

$$\max z = \sum_{i=1}^{m} \sum_{j=1}^{n_i} p_{ij} x_{ij} \tag{3-13}$$

$$\text{s. t.} \quad \sum_{i=1}^{m} \sum_{j=1}^{n_i} w_{ij}^r x_{ij} \leqslant c_r, \quad r = 1, \cdots, m \tag{3-14}$$

$$\sum_{j=1}^{n_i} x_{ij} = 1, \quad i = 1, \cdots, n \tag{3-15}$$

$$x_{ij} \in \{0, 1\}, \quad i = 1, \cdots, n, \quad j = 1, \cdots, n_i \tag{3-16}$$

其中,如果选择组 G_i 中的物品 (i,j),二进制变量 x_{ij} 的值为 1,否则为 0。约束(3-14)强制要求每种资源不超过其上限值,而约束(3-15)确保每个组只选择一个物品。

在过去的十多年中,多维选择背包问题相关的论文涉及精确方法和启发式方法。尽管如此,对该问题的算例实现最优求解依然极具挑战性。此外,多维选择背包问题还与多个实际问题密切相关,如芯片多处理器运行时的资源管理问题和电路布线的全局路由问题。

3.3.2 求解算法

最近的文献介绍了一系列的元启发式方法来解决 MMKP,具体可分为如下三类。

1. 理论方法

此类方法利用问题模型提供的信息和一些松弛技术进行求解。Moser 等人[72] 通过乘数法利用拉格朗日松弛。Parra-Hernandez 和 Dimopoulos[73] 提出了一种启发式方法求解 MMKP,该方法使用拉格朗日乘数计算伪效用变量值,并利用它们找到并改进初始可行解。Akbar 等人[74] 研究了一种基于凸包的启发式算法,该方法将多维资源消耗映射到单个维度(使用向量惩罚),从而减少了搜索空间。Hanafi 等人[75] 提出了一种基于迭代松弛的启发式算法,该方法的特点是利用不同松弛提供的信息构造一系列小规模的子问题。Cherfi 和

Hifi[76]使用自适应的列生成方法来解决大规模的 MMKP 算例,该方法先找到一个初始解,并构建包含与该解相关的列受限整数线性规划(Integer Linear Programming,ILP)问题;然后,将列生成过程和贪婪解应用于同一 ILP;最后,使用分支策略创建新的节点和子问题。Crévits 等人[77]定义了一种半连续松弛启发式方法,其通过在线性规划松弛中添加约束以迫使变量取接近 0 或 1 的值。启发式算法生成一个下界序列和上界序列,上界序列由问题松弛得到,下界序列由子问题求解得到。基于迭代松弛的启发式框架,Mansi 等人[78]引入了一种混合策略,该策略基于引入新的切割和重新制定过程提高启发式的性能。Ren 等人[79]将蚁群优化与拉格朗日松弛相结合,该方法采用蚁群算法生成解,利用修复算子将可能不可行的解转化为可行的解,并进一步改进可行的解。Hifi 和 Wu[80]提出了一种基于拉格朗日启发式的邻域搜索算法,使用 MMKP 的拉格朗日松弛生成一系列邻域,并使用基于缩减策略的局部搜索加强搜索,使用移动策略来提升算法疏散性。Caserta 和 Voß[81]描述了一种数学启发式算法实现对该问题的有效求解,较好地平衡了算法的鲁棒性和可靠性。

2. 局部搜索和元启发式方法

通常情况下,对考虑资源消耗的物品采用智能排序和简单的局部搜索相结合的方法可以产生有效的结果。Khan 等人[82]利用 Toyoda[83]的聚合资源概念,通过考虑当前使用的资源水平或物品的资源需求,对尚未选择的物品进行排序,然后利用贪婪启发式算法寻找一个可行的解,最后基于同组物品的交换进行局部搜索,以节省资源和增加目标函数值为目标。Voudouris 和 Tsang[84]提出了一种局部搜索方法,称为引导局部搜索(Guided Local Search,GLS),定义了候选解的一组特征,当局部搜索陷入局部最优时,选择某些特征并对其进行惩罚。Hifi 等人[85]提出了两种启发式方法,即构建过程(Construction Procedure,CP)和基于交换移动保持可行性的局部搜索,称为互补构建过程(Complementary Construction Procedure,CCP)。随后,Hifi 等人[86]提出了反应性局部搜索(Reactive Local Search,RLS)的两个变种方法:第一种方法考虑一个初始解,使用单次和双次交换的快速顺序过程来改进 CCP 找到的解并使其多样化;第二种方法称为修改反应性局部搜索(Modified Reactive Local Search,MRLS),使用禁忌列表来避免死循环。Guo 等人[87]提出了一种遗传算法,而 Hiremath 和 Hill[88]采用基于近因记忆的标准禁忌搜索,创建了一种称为一级禁忌搜索(First-Level Tabu Search,FLTS)的方法。Shojaei 等人[89]基于 Pareto 代数原理提出了一种新的参数化组合 Pareto 代数启发式算法。

3. 变量固定方法

变量固定方法有助于减小原始问题的求解规模。Gao 等人[90]提出了一种新的迭代伪间隙枚举方法来求解 MMKP,测试结果显示,该算法性能优于 CPLEX 求解器。Chen 和 Hao[91]引入了有效的"减少和解决"(Reduce and Solve)启发式算法,它结合了两个主要成分来降低问题的求解规模(基于群体固定和变量固定规则),并通过混合整数线性规划求解器得到整数线性规划问题的最优解。

3.4　多维背包问题

3.4.1　问题简介

多维背包问题(Multidimensional Knapsack Problem, MKP)是标准 0-1 背包问题(0-1 KP)的推广模型。作为一个资源分配模型,多维背包问题可以表示为

$$\max z = \sum_{j=1}^{n} c_j x_j \tag{3-17}$$

$$\text{s. t.} \quad \sum_{j=1}^{n} a_{ij} x_j \leqslant b_i, \quad i = 1, 2, \cdots, m \tag{3-18}$$

$$x_j \in \{0, 1\}, \quad j = 1, 2, \cdots, n \tag{3-19}$$

其中, n 为物品个数, m 为容量为 b_i $(i = 1, 2, \cdots, m)$ 的背包约束个数。每个物品 j $(j = 1, 2, \cdots, n)$ 在第 i 个约束条件下消耗了 a_{ij} 单位资源,利润为 c_j。如果选择了第 j 个物品,则二进制决策变量 x_j 等于 1,否则等于 0。多维背包问题的目的就是找到一个物品的子集,使所选物品的资源消耗满足每个资源的容量约束,同时产生最大的利润。

多维背包问题首先应用于资本预算。实际上,现实世界中的许多工程问题都可以建模为多维背包问题,如物品选择、加载问题、库存削减、分布式计算中的资源分配等。多维背包问题作为具有 NP 困难特性的多约束组合优化问题(Constrained Optimization Problem, COP)之一,已经有了许多相关的研究,包括精确算法和启发式算法。其中,有代表性和有效的精确算法主要是分支定界法。然而,随着多维背包问题规模的增大,分支定界法的时间成本呈指数增长。因此,该方法不擅长求解大规模的多维背包问题算例。

基于上述分析,研究人员提出了各种启发式算法来求解多维背包问题,包括基于轨迹的局部搜索算法和基于种群的进化算法,如禁忌搜索、模拟退火、遗传算法、粒子群优化(Particle Swarm Optimization, PSO)、差分搜索算法(Differential Search, DS)等。

3.4.2　求解算法

1. 精确方法

Martello 和 Toth[92] 针对 MKP 提出了一种分支定界算法。Vimont 等人[93] 开发了一种隐式枚举算法,使用降低成本的约束来修复非基本变量并修剪搜索树的节点。为了产生良好的上界,Kaparis 和 Letchford[94] 开发了一种基于不等式的割平面方法;Balev 等人[95] 提出了一种基于迭代线性规划松弛的预处理过程。2020 年,Setzer 和 Blanc[96] 指出 MKP 的每个约束在解空间中都可以被视为一个超立方体的维度,由此提出了一种经验正交约束生成方法,旨在减少容量约束的数量,该方法可达到所有算例的已知最好解,并改进了两个算例。

2. 启发式算法

早在 2004 年，Kellerer 等人[42]就提到："近年来 MKP 被证明是验证元启发式算法性能的最佳问题之一，特别是禁忌搜索和遗传算法"。在过去的几年里，这种趋势更加明显，并且研究人员已经开发了各种各样的元启发式方法来解决该问题。Moraga 等人[97]提出了一种元启发式方法，通过随机优先级规则和局部搜索技术来构建和改进可行的解。Al-Shihabi 等人[98]设计了一种混合算法，该方法结合了嵌套分区（Nested Partition，NP）、二进制蚁群系统（Binary Ant System，BAS）和线性规划（Linear Programming，LP）来实现对 MKP 问题的高效求解。Angelelli 等人[99]提出了一种基于核搜索框架的启发式方法。Hanafi 和 Wilbaut[100]描述了一种基于上下边界迭代生成的启发式方法。Della 和 Grosso[101]提出了一种基于线性松弛的启发式方法，实现了求解效率和求解质量之间的较好平衡。Yoon 等人[102]和 Hill 等人[103]研究了基于拉格朗日的启发式方法。

3.5 二次背包问题

3.5.1 问题简介

二次背包问题（Quadratic Knapsack Problem，QKP）旨在从一个受背包约束的二次型目标函数中获得最优解。该问题有许多应用，如最小距离问题和最大团问题。二次背包问题可以表示为

$$\min f(x) = x^{\mathrm{T}} Q x \tag{3-20}$$

$$\text{s.t.} \quad \sum_{i=1}^{n} x_i = 1 \tag{3-21}$$

$$0 \leqslant x_i \leqslant 1, \quad i = 1, 2, \cdots, n \tag{3-22}$$

其中，Q 是一个 $n \times n$ 的正定或半正定矩阵。从计算复杂度的角度来看，上述问题是 NP 困难问题。虽然有界多面体上的任何二次最小化问题都可以转化为二次背包问题，但这种转化并不总是实用的。

3.5.2 求解算法

1. 精确算法

解决 QKP 的大多数精确方法通常采用分支定界（B&B）框架。例如，Caprara 等人[104]提出了一种称为 Quadknap 的精确分支定界算法，该算法通过拉格朗日松弛来计算上界。Billionnet 和 Soutif[105]提出了三种将 QKP 线性化为等价混合规划的方法，并使用商业软件进行求解。Pisinger 等人[106]提出的基于拉格朗日松弛分解和积极约简的精确算法被认为是解决 QKP 最有效的精确算法之一，该算法利用之前研究中提出的上界，并利用多种启发式算法来计算下界，它仍然是一个分支定界算法，可以解决多达 1 500 个变量的大型算例。

Rodrigues 等人[107]提出了一种线性化方法,该方法用一组线性约束替代目标函数的二次项,并将其应用于分支定界算法。2020 年,Wu 等人[108]提出了一种对数下降方向算法来近似求解二次背包问题。

2. 启发式算法

Hammaer 和 Rader[109]提出了一种线性化和交换(LEX)启发式算法,该算法首先通过近似方法找到一个良好的初始解,然后通过交换方法对其进行改进。Yang[110]提出了一个基于记忆的贪婪随机自适应搜索过程(Greedy Randomized Adaptive Search Procedures,GRASP)和一种禁忌搜索算法,用于寻找 QKP 的近似最优解。Fomeni 和 Letchford[111]通过修改解决背包问题的经典动态规划方法,提出了一种有效的动态规划启发式方法,通过考虑特定的物品排序和平局打破规则,进一步提升了算法性能。Chen 和 Hao[112]提出了一种求解方法,引入了额外的基数约束,将问题分解为几个不相交的子问题,并通过减少程序和禁忌搜索解决最有前途的子问题。Laxmikant 等人[113]研究并设计了一种受社会政治启发的新型元启发式算法,该算法使用受社会政治启发的新操作符和二进制编码,具有一定的通用性。2023 年,Fomeni[114]提出了一种新颖的确定性启发式算法,用于找到良好的 QKP 可行解,该算法将动态规划方法与局部搜索过程相结合,取得了显著的效果。

3.6   多重二次背包问题

3.6.1   问题简介

多重二次背包问题(Quadratic Multiple Knapsack Problem,QMKP)由 Hiley 等人提出,在金融、库存管理、生产计划调度、机场车站布局、密码设计、通信基站优化、集成电路设计等方面得到了广泛应用。该问题是二次背包问题和多重背包问题这两个经典难问题融合后形成的一个新问题。多重二次背包问题的表述如下:

在 0-1 背包问题中给定 n 个物品,每个物品的利润为 v_i,权重为 w_i,一个背包的容量为 C,目标是寻求具有最大总价值但总重量不大于背包容量 C 的解。若有 n 个二进制变量 x_i,则 $x_i=1$ 表示每个解包含物品 i,若 $x_i=0$ 则表示不包含物品 i。

$$V = \sum_{i=1}^{n} x_i v_i \tag{3-23}$$

同时保持

$$W = \sum_{i=1}^{n} x_i w_i \leqslant C \tag{3-24}$$

多重二次背包问题的一个算例中包括 n 个物品、K 个背包,且每个物品都有一个与之相关的利润值 v,以及一个与之相关的 v 不为零的比例值,这个比例值通常被称为算例的密度。密度表示了算例中物品之间的相互关联程度。如果一个算例的密度是高的,这意味着物品之间关联密切,物品的贡献更多地取决于背包中的其他物品。

3.6.2　求解算法

多重二次背包问题的求解算法主要有精确算法和启发式算法两类。以下是主要算法回顾。

1. 精确算法

QMKP 的第一个精确算法是由 Bergman[115] 提出的,他引入了一个指数大小的 ILP 模型,通过分支定价算法(Branch-and-Price,B&P)求解。测试结果表明,该方法优于商业优化求解器。此外,B&P 算法还被应用于解决自动餐桌活动座位问题(QMKP 的一个变种,其中每个物品都需要放在某个背包中)。Galli 等人[116] 通过拉格朗日松弛技术研究了 QMKP 问题的上限。Fleszar[117] 针对 QMKP 提出了一种有效的分支定界算法。

2. 启发式算法

García-Martínez 等人[118,119] 为 QMKP 引入了两种元启发式方法,其中一种方法基于策略振荡技术,另一种方法由基于贪婪策略的强化禁忌搜索算法组成,结果表明这两个方法与最先进的算法相比具有一定的竞争力。Chen 和 Hao[120] 提出了一种算法,该算法将基于阈值的搜索技术与下降算法相结合,并与 García-Martínez 等人[118,119] 的方法进行了比较。Peng 等人[121] 提出了一种具有自适应扰动机制的弹射链方法,并将其与 García-Martínez 等人[118,119] 的方法进行了比较,结果表明该算法效果更好。Qin 等人[122] 提出了一种基于局部搜索算法的禁忌搜索算法,该算法考虑了可行和不可行的解,比之前关于 QMKP 的算法性能更好。

3.7　装箱问题

3.7.1　问题简介

装箱问题(Bin-Packing Problem,BPP)即给定一组带权重的物品和无限多个相同的有容量限制的箱子,要求将所有物品装箱到最少数量的箱子中。BPP 由 Kantorovich 提出后,迅速成为广受关注的组合优化问题之一。该问题具有相对简单的结构,使许多研究人员利用该问题进行开发和测试算法,包括分支定界算法、元启发式算法、分支定价算法、伪多项式公式、约束编程和强化学习等。

装箱问题在许多应用领域中得到了广泛的研究,包括物流运输、工作调度、制造、财务库存决策、计算机内存管理、云资源协同等。一维装箱问题只考虑一个因素,比如重量、体积、长度等。装箱问题的描述如下:

现有 M 个箱子,每个都有无限的容量,有 n 个物品,大小分别为 $t_1,\cdots,t_N$,$0 \leqslant t_i \leqslant t_{\max}$,$1 \leqslant i \leqslant N$。该问题的目标函数为

$$C(\{a_i\}) = \sum_{j=1}^{M} (B_j - \bar{T})^2 \tag{3-25}$$

$$\bar{T} = \frac{1}{M}\sum_{i=1}^{N} t_i \tag{3-26}$$

其中，B_i 是分配给第 i 个容器的物品的大小之和；$\{a_i\}$ 是分配序列，即 $a_1, a_2, \cdots, a_N, 1 \leqslant a_i \leqslant M$；分配数量 a_i 决定每个物品被分配到哪个仓，因此，每个分配序列代表了问题的可行解；T 是使成本函数最小化的每个箱子的总分配数。

3.7.2 求解算法

装箱问题是一个经典的 NP 难题，这意味着最优化求解该问题的大规模算例极具挑战性。目前已经开发了各种算法来解决 BPP，包括精确算法、近似算法和启发式算法。本节着重对一维装箱问题的求解方法进行总结，并附关于二维装箱问题和三维装箱问题求解方法的著名文献。以下是对装箱问题求解算法的概述。

1. 一维装箱问题

近似算法是解决经典 BPP 的第一种方法。有两种类型的近似算法：在线和离线。在线算法中的物品被逐个考虑，当前物品的放置完全取决于当前物品和已包装物品的大小[123]。离线算法求解 BPP 时，通常将物品按递增或递减的顺序重新排列[124]，但是离线算法并不能保证每次都返回最优解。Ouiroz 等人[125] 提出使用遗传算法作为其分组的基础，添加分组机制和一个选择机制来解决 BPP。Kucukyilmaz 和 Kiziloz[126] 针对一维装箱问题提出了一种新的分组遗传算法，并分析和评估了所提出算法的并行化参数。Dokeroglu 和 Cosar[127] 提出了一组可扩展的混合并行算法，这些算法能够利用并行计算技术来实现对大规模算例的求解。

2. 二维和三维装箱问题

解决二维装箱问题的方法通常基于启发式和元启发式算法[128]，如首次拟合降低高度（First-Fit Decreasing Height，FFDH）算法[128]、最佳拟合降低高度（Best-Fit Decreasing Height，BFDH）算法[129]、改进的 BFDH 算法[130]、最佳拟合堆叠（Best Fit Stacking，BFS）算法[131] 等。为了在有限的时间内解决三维装箱问题，人们采用各种元启发式算法，如 Gonçalves 和 Resende[132] 提出的遗传算法以及差分进化算法等。

3.8 集合联盟背包问题

3.8.1 问题简介

集合联盟背包问题（Set-Union Knapsack Problem，SUKP）在近些年的研究中得到了越来越多的关注。设 $U = \{1, \cdots, n\}$ 是一个由 n 个元素组成的集合，其权重 $w_j > 0 (j = 1, \cdots, n)$。设 $V = \{1, \cdots, m\}$ 是一个由 m 个物品组成的集合，其中每个物品 $i (i = 1, \cdots, m)$ 对应于一个由关系矩阵决定的元素子集 $U_i \subset U$，其中利润 $p_i > 0$。对于一个任意的非空项集 $S \subset V$，S 的总利润被定义为 $f(S) = \sum_{i \in S} P_i$，$S$ 的权重由 $W(S) = \sum_{j \in \bigcup_{i \in S} U_i} w_j$ 给出。假设 $C > 0$ 是一个

给定的背包的容量,SUKP 的目的是寻找物品 $S^* \subset V$ 的子集,使利润 $f(S^*)$ 达到最大,并且权重 $W(S^*)$ 不超过背包容量 C。SUKP 的数学模型如下:

$$\text{Maximize } f(S) = \sum_{i \in S} P_i \qquad (3\text{-}27)$$

$$\text{s. t. } W(S) = \sum_{j \in \bigcup_{i \in S} U_i} w_j \leqslant C, \quad S \subset V \qquad (3\text{-}28)$$

需要注意的是,对于给定的子集 S,即使其中有多个物品包含元素 j,其权重 w_j 在 $W(S)$ 中也只计算一次。

传统的背包问题是 SUKP 的一个特例。当我们设定 $m = n, V = U$ 时,SUKP 可简化为 KP。SUKP 可以看作密集 k 子超图问题(Dense k-Subhypergraph Problem,DkSP)的一种推广,该问题旨在确定超图的 k 个节点集,从而最大化由所选节点集形成的子超图的超边缘数量。当我们把元素和物品分别看作超图中具有单位权重和单位利润的节点和超边时,背包容量即为 k,SUKP 可简化为 DkSH。SUKP 在金融领域、柔性制造、密码学、数据库分区等方面均应用广泛。然而,作为一个 NP 困难问题,最优化求解 SUKP 是一项很有挑战性的工作。

3.8.2 求解算法

近年来,由于 SUKP 具有重要的理论和实践意义,该问题受到越来越多的关注,研究人员也针对它提出了各种搜索方法,包括精确算法、近似算法和元启发式算法。相关研究主要集中在元启发式算法上,如粒子群优化元启发式算法。鉴于这种方法最初是为解决连续问题而设计的,因此在求解离散优化问题时需要用连续搜索算子来模拟离散优化,而不是直接探索离散空间。因此,用粒子群优化算法求解 SUKP 时需要进行各种调整,以应对 SUKP 的二元特征,导致算法性能具有局限性。本书第 4 章将以 SUKP 问题为例介绍几种高效的元启发式算法。

3.9 冲突约束背包问题

3.9.1 问题简介

作为传统的 0-1 背包问题[42]的推广,冲突约束背包问题(Disjunctively Constrained Knapsack Problem,DCKP)的定义如下:设 $V = \{1, \cdots, n\}$ 是 n 个物品的集合,其中每一物品 $i \in \{1, \cdots, n\}$ 的利润 $p_j > 0$,权重 $w_j > 0$。设 $G = (V, E)$ 是一个冲突图,其中 V 是 n 个物品的集合,边 $\{i, j\} \in E$ 定义了物品 i 和 j 的不相容性。设 $C > 0$ 是一个给定背包的容量,DCKP 的目的是寻找 V 中不冲突的物品子集 S,使 S 的总利润最大化,同时确保 S 的总权重不超过背包容量上限 C。设 x_i 是一个二元变量,如果物品 i 被选中则 $x_i = 1$,否则 $x_i = 0$。DCKP 可以表述如下。

$$(\text{DCKP})\text{Maximize } f(S) = \sum_{i=1}^{n} p_i x_i \qquad (3\text{-}29)$$

$$\text{Subject to } W(S) = \sum_{i=1}^{n} w_i x_i \leqslant C, S \subseteq V \tag{3-30}$$

$$x_i + x_j \leqslant 1, \quad \forall (i,j) \in E \tag{3-31}$$

$$x_i \in \{0,1\}, \quad i = 1, \cdots, n \tag{3-32}$$

目标函数(3-29)为被选物品集合 S 的总利润最大化。约束(3-30)保证满足背包容量约束。约束(3-31)称为冲突约束,保证两个存在冲突约束的物品不会被同时选择。约束(3-32)要求每个物品最多被选择一次。

当 G 为空图时,DCKP 就转化为经典的背包问题。当背包容量无界时,DCKP 等价于最大加权独立集问题[133]。此外,DCKP 与其他组合优化问题密切相关,如多重选择背包问题[91]、二次背包问题[120]和有冲突的装箱问题(Conflicting Bin Packing Problem,CBPP)。

3.9.2 求解算法

鉴于 DCKP 的重要性,许多求解方法已经被开发出来,包括精确算法、近似算法和启发式算法。同时,考虑到问题的 NP 困难性质,仍然需要更强大的算法来突破现有方法的极限。

自从 Yamada、Kataoka 和 Watanabe[134]提出 DCKP 以来,已经有各种求解算法,例如 Yamada 等人[134]提出的隐枚举算法。除此之外还有精确算法,这些算法基于分支定界算法[135-137]、分支切割算法[138]以及动态规划[139-141],并且已被证明在多个 DCKP 算例上效果明显。例如,Pferschy 和 Schauer[140]提出的动态规划算法能够有效地解决冲突图为树、弦图或有界树宽图的算例;Coniglio 等人[136]引入的分支定界算法在大多数具有广泛冲突密度的 6 240 个 DCKP 基准算例上取得了效果显著的结果。

3.10 预算最大覆盖问题

3.10.1 问题简介

预算最大覆盖问题(Budgeted Maximum Coverage Problem,BMCP)推广了最大覆盖问题(MCP)[142]及其变种问题[143,144],该问题定义如下:给定一个由 n 个元素组成的集合 $E = \{1, \cdots, n\}$ 和一个由 m 个物品组成的集合 $I = \{1, \cdots, m\}$,其中每个元素具有正的收益(或利润),每个物品是 E 的一个包含正权重的子集。集合 I 中的物品与集合 E 中的元素之间的关系由一个 $m \times n$ 的二进制矩阵 $\boldsymbol{M}$ 给出,BMCP 的目标是找到一个子集 $S \subseteq I$,从而最大化被覆盖的元素的收益总和 $P(S)$,同时确保所选物品的权重总和 $W(S)$ 满足给定的预算(背包容量)C[145]。BMCP 可以写成如下形式:

$$(\text{BMCP}) \text{ Maximize } P(S) = \sum_{j \in E_S} p_j \tag{3-33}$$

$$\text{Subject to } W(S) = \sum_{i \in S} w_i \leqslant C \tag{3-34}$$

$$S \subseteq I, E_S = \bigcup_{i \in S} E_i \tag{3-35}$$

其中,$S\subseteq I$ 表示所选物品的集合,$E_s\subseteq E$ 表示被物品集合 S 覆盖的元素。

BMCP 可以模拟许多现实生活中的问题,以柔性生产网络(或具有柔性工厂的供应链网络)为例:假设一家公司有许多个生产不同类型商品的工厂,一些商品可以由不同的工厂生产,每个工厂都有成本(如用于生产和运营的费用),生产的每个商品都会产生利润,公司需要灵活运用策略来满足产品需求的变化[146],公司需要决定使用哪些工厂进行生产,以最大化生产商品的利润总和,同时确保所选工厂所需的预算总和满足给定的预算。当一个物品表示具有成本的工厂,而一个元素表示具有利润的商品时,这个问题便等同于 BMCP 模型。此外,BMCP 还与网络监视器定位[147]、新闻推荐[148]、软件定义网络[149]、文本摘要[150]以及程序分配[151]等其他实际应用有关。

3.10.2　求解算法

BMCP 与多个组合优化问题紧密相关。例如,具有群组预算约束的最大覆盖问题(Maximum Coverage Problem with Group Budget Constraints)[152],广义最大覆盖问题(Generalized Maximum Coverage Problem)[153],具有重叠成本的预算最大覆盖问题(Budgeted Maximum Coverage with Overlapping Costs)[154],以及本章 3.8 节阐释的集合联盟背包问题[155]等。由于其 NP 困难的特性,上述这些问题以及 BMCP 都很难解决。

在这些问题中,BMCP 与 SUKP 关联密切,二者的关系如图 3-1 所示。目前已经提出了多种解决 SUKP 的方法,如精确算法[155]、近似算法[156]、基于种群的混合算法[157-159]以及局部搜索算法[160,161]。但求解 BMCP 的现有算法却很少,如 Khuller 等人[145]提出的近似算法〔其近似比率为 $(1-1/e)$〕、Li 等人[151]提出的基于概率学习的禁忌搜索(Probability Learning Based Tabu Search,PLTS)方法。其中,PLTS 方法集成了强化学习技术和局部优化方法,在 30 个算例上进行测试验证了其优越性,同时使用 CPLEX 求解器在 5 小时的运行时间内确定了 30 个算例的下界和上界。

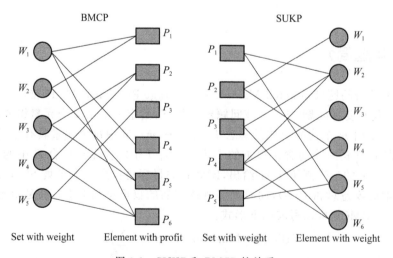

图 3-1　SUKP 和 BMCP 的关系

第 4 章
求解集合联盟背包问题

许多实际的决策问题涉及从候选对象集合中选择一个对象子集,使得所选对象在满足一些约束条件的同时优化给定的目标。集合联盟背包问题(SUKP)作为经典背包问题的一个变种,可以方便地对这类决策问题进行表述。第 3 章已经介绍了集合联盟背包问题的相关概念和已有算法,该问题定义为:给定一组带有权重的元素和一组带有利润的物品,其中每个物品由一部分元素组成,SUKP 的目标是将物品的一个子集装入容量受限的背包,使得所选物品的总利润最大化,同时物品的重量不超过背包容量。本章将探讨基于元启发式算法的求解策略,包括精确算法、近似算法和元启发式算法,这些算法在文献中被广泛研究,而且在解决 SUKP 问题方面取得了显著进展。本章重点介绍求解集合联盟背包问题的三种新的元启发式算法,即迭代两阶段局部搜索算法、基于核的禁忌搜索算法、多起点基于解的禁忌搜索算法,并详细介绍这三种算法的设计思路、算法细节以及与其他文献中已知的最好算法的对比结果。通过对这三种算法进行综合比较和分析,为用元启发式算法求解 SUKP 问题提供更多的思路。

4.1　现有求解算法综述

1994 年,Goldschmidt 等人[155]在通用动态规划方法的基础上设计了针对 SUKP 问题的精确算法,并提出了其在多项式时间内运行的充分条件。Arulselvan 于 2014 年基于求解相关预算最大覆盖率问题的近似算法[162],提出了解决 SUKP 问题的贪婪算法,该算法为 SUKP 提供了一个近似值 $(1-e^{-\frac{1}{d}})$,并附加了一个限制条件,即一个元素所存在的物品的数量由一个常数 d 来约束。Taylor 于 2016 年利用相关的密集 k 子超图问题的结果设计了一个近似算法[156]。研究表明,对于任何给定的 $\varepsilon > 0$,在 $\alpha_m = \frac{2}{3}\left[m-1-\frac{2m-2}{m^2+m-1}\right]$ 时,所提出的算法的近似率最多达到 $O(n^{\alpha_m+\varepsilon})$,其中子集最多有 m 个元素。以上研究均集中在求解 SUKP 问题的理论研究方面,尚未提供计算方面的结果。

除了以上理论研究外,还有多种元启发式算法被提出来用于寻找 SUKP 的次优解[157,159,163]。He 等人[157]于 2018 年提出了第一个用于解决 SUKP 的二元人工蜂群算法(Binary Artificial Bee Colony Algorithm,BABC),由于这种方法会不可避免地产生不可行的解,因此 He 等人提出了一个贪婪修复和优化程序(Greedy Repairing and Optimization Procedure,S-GROA)来处理不可行的解。为了评估该算法,He 等人生成了 30 个随机算例,并在这些算例上进行了大规模的实验,通过与其他三种基于种群的算法(遗传算法、连续人工蜂群算法、差分进化策略)的比较,证明了 BABC 算法的有效性。Ozsoydan 和 Baykasoglu[159] 于 2019 年提出了一种二元粒子群优化算法(Binary Particle Swarm Optimization Algorithm,gPSO),并报告了该算法在 30 个算例上改进后的结果。Feng 等人[163] 研究了几个版本的离散飞蛾搜索(Moth Search,MS)算法,报告了其在 15 个算例上的计算结果,并更新了一部分结果。值得一提的是,与 BABC 一样,gPSO 和 MS 在搜索过程中都会产生不可行的解,需要使用 S-GROA 来恢复解的可行性。

本章基于局部搜索技术的元启发式算法求解 SUKP。表 4-1 所示为目前已有文献中求解 SUKP 的代表性算法。其中,精确算法可以从理论上得出最优解或近似比,而启发式算法给出了该问题的数值计算结果。

表 4-1　目前已有文献中求解 SUKP 的代表性算法

算法	算法类型	搜索框架	搜索策略	搜索空间	评价	计算结果
动态规划算法[155](1994)	精确算法	动态规划	隐枚举法 穷举法	二元空间	理论上可得出最优解,时间复杂度呈指数级增长	无
贪婪算法[162](2014)	近似算法	贪婪算法	贪婪函数引导下的渐进式构建	二元空间	理论上保证近似比	无
一种近似算法[156](2016)	近似算法	贪婪算法	贪婪函数引导下的渐进式构建	二元空间	理论上保证近似比	无
二元人工蜂群算法[157](2018)	元启发式算法	人工蜂群优化算法	解的组合 修复不可行解 连续解与离散解之间的映射	包含不可行和可行解的连续和二元空间	次优解 多项式时间复杂度	有
离散飞蛾搜索算法[163](2018)	元启发式算法	飞蛾搜索	解的组合 修复不可行解 连续解与离散解之间的映射	包含不可行和可行解的连续和二元空间	次优解 多项式时间复杂度	有
二元粒子群优化算法[159](2019)	元启发式算法	粒子群优化算法 遗传算法	解的组合 修复不可行解 连续解与离散解之间的映射	包含不可行解和可行解的连续和二元空间	次优解 多项式时间复杂度	有

4.2　迭代两阶段局部搜索算法

迭代两阶段局部搜索(Iterated Two-Phase Local Search,I2PLS)算法通过两个互补的搜索阶段进行迭代:一个是局部最优解探索阶段,该阶段用于发现局部最优解;另一个是局部优化逃逸阶段,该阶段用于将搜索引导到未探索的区域。将该算法运用于 30 个基准算例,搜索出了 18 个算例的改进最好解(获得了比表 4-1 中二元人工蜂群算法[157]的测试结果

更优的新的下界），并且达到了其余 12 个算例上的已知最好解。本节针对迭代两阶段局部
搜索算法的框架与具体内容、实验结果等进行详细解读。

4.2.1 算法框架与具体内容

1. 算法框架

如算法 4-1 所示，I2PLS 算法由两个互补的搜索阶段组成：一是寻找局部最优解的局部
最优探索阶段（Explore），二是将搜索转移到未探索区域的局部最优逃逸阶段（Escape）。

算法 4-1　Iterated Two-Phase Local Search for the SUKP

1：**input**：Instance I, cut-off time t_{max}, neighborhoods $N_1 \sim N_3$, exploration depth λ_{max},
　　sampling probability ρ, tabu search depth ω_{max}, perturbation strength η.

2：**output**：The best solution found S^*.

3：/ * Generate an initial solution S_0 in a greedy way * /
　　$S_0 \leftarrow$ Greedy_Initial_Solution(I)

4：$S^* \leftarrow S_0$　　　　　　　/ * Record the overall best solution S^* found so far * /

5：**while** Time $\leqslant t_{max}$ **do**

6：　/ * Local optima exploration phase using VND and TS * /
　　　$S_b \leftarrow$ VND-TS(S_0, $N_1 \sim N_3$, λ_{max}, ρ, ω_{max})

7：　**if** $f(S_b) > f(S^*)$ **then**

8：　　　$S^* \leftarrow S_b$　　　　　　　/ * Update the best solution S^* found so far * /

9：　**end if**

10：/ * Local optima escaping phase using frequency-based perturbation * /
　　　$S_0 \leftarrow$ Frequency_Based_Local_Optima_Escaping(S_b, η)

11：**end while**

12：**return** S^*

该算法从一个通过贪婪算法获得的可行初始解开始（算法 4-1，第 3 行），随后算法进入
"while"循环，迭代"探索"阶段和"逃逸"阶段（算法 4-1，第 5～11 行），以寻求更优解。在每
个迭代中，"探索"阶段（算法 4-1，第 6 行）首先执行变邻域下降搜索（Variable Neighborhood
Descent，VND），在两个邻域 N_1 和 N_2 中找到一个新的局部最优解；然后运行禁忌搜索
（TS），用邻域 N_3 探索额外的局部最优解；在"探索"阶段结束后，I2PLS 切换到"逃逸"阶段
（算法 4-1，第 10 行），该阶段使用基于频率的扰动，将搜索转移到一个未探索的区域。这两
个阶段反复进行，直到达到停止条件（在本算法中是给定时间限制 t_{max}）。在搜索过程中，找
到的最好解被记录在 S^* 中（算法 4-1，第 7,8 行），并在算法结束时作为算法的最终输出结果
返回。

值得注意的是，针对 SUKP 的 I2PLS 算法的总体框架与突破性局部搜索[164]、三阶段局
部搜索[165]和迭代局部搜索[166]的总体框架大致相同。同时，为了确保解决 SUKP 的有效

性，本章提出的 I2PLS 算法针对 SUKP 进行了定制化设计，具体内容如下。

2．具体内容

1）解表达、搜索空间和评估函数

给定一个 SUKP 算例，其由 m 个物品 $V=\{1,\cdots,m\}$，n 个元素 $U=\{1,\cdots,n\}$ 和背包容量 C 组成，搜索空间 Ω 包括满足容量约束的所有非空的物品子集，即 $\Omega=\Big\{S\subset V; S\neq\varnothing,$

$$\sum_{j\in\bigcup_{i\in S}U_i}w_j\leqslant C\Big\}。$$

对于 Ω 的任何候选解 S，其质量由所选物品的总利润 $f(S)=\sum_{i\in S}P_i$ 来评估。

注意，Ω 的候选解 S 可以用 $S=\langle A,\bar{A}\rangle$ 表示，其中 A 是选定物品的集合，$\bar{A}$ 是非选定物品的集合。同样，S 也可以用长度为 m 的二进制向量进行编码，其中每个二进制向量对应一个物品，其值是否为 1 表示该物品能否被选中。I2PLS 算法的目标是找到一个目标值 $f(S)$ 尽可能大的解 $S\in\Omega$。

2）初始化

I2PLS 算法从一个初始解开始搜索，这个初始解由一个简单的贪婪算法生成。首先，计算每个物品 i 的总权重 w_i。其次，根据每个物品的给定利润 p_i，通过 $r_i=p_i/w_i$ 得到每个物品的利润率 r_i，并根据 r_i 将所有物品按降序排列。最后，按照这个顺序将物品一个一个地添加到 S 中，直到达到背包的容量。因此，初始化程序的时间复杂度为 $O(mn)$。

3）局部优化探索阶段

"探索"阶段旨在从初始解开始寻找新的局部更优解。这是通过 VND 过程（算法 4-2，第 6 行）和 TS 过程（算法 4-2，第 7 行）的组合策略实现的。对于每一次 VND-TS 运行（每一次"while"循环），VND 过程利用两个邻域 N_1 和 N_2，并采用最佳改进策略来确定局部最优解；然后从该解出发，触发 TS 过程，检查另一个邻域 N_3 的其他局部最优解。在 TS 过程结束时，它的最优解（S_c）被用来更新在当前 VND-TS 运行过程中发现的最优解（S_b），而该阶段的最后一个解（S）被用作下一个循环的"探索"阶段的新起点。当运行过程中找到的最优解（S_b）不能在 λ_{max}（λ_{max} 是一个被称为探索深度的参数）连续迭代期间更新时，"探索"阶段终止。

算法 4-2 Local Optima Exploration Phase—VND-TS

1：**input**：Starting solution S, neighborhoods $N_1\sim N_3$, exploration depth λ_{max}, sampling probability ρ, tabu search depth ω_{max}.

2：**output**：The best solution S_b found by VND-TS.

3：$S_b\leftarrow S$ /＊ S_b records the best solution found so far during VND-TS ＊/

4：$\lambda\leftarrow 0$ /＊ λ counts the number of consecutive non-improving rounds ＊/

5：**while** $\lambda<\lambda_{max}$ **do**   /＊ Attain a new local optimum S by VND with N_1 and N_2 ＊/

6： $S\leftarrow$ VND(S,N_1,N_2,ρ)

7：   /＊ Explore nearby optima around the new S by TS with N_3 ＊/

     $(S_c,S)\leftarrow$ TS(S,N_3,ω_{max}) /＊ S_c is the best solution found so far during TS ＊/

8： **if** $f(S_c)>f(S_b)$ **then**

9： $S_b \leftarrow S_c$ / * Update the best solution S_b found so far * /

10： $\lambda \leftarrow 0$

11： **else**

12： $\lambda \leftarrow \lambda+1$

13： **end if**

14：**end while**

15：**return** S_b

（1）变邻域下降搜索

遵循一般变邻域下降搜索算法[28]的做法，VND 过程（算法 4-3）依靠两个邻域（N_1 和 N_2）来探索搜索空间。VND 首先检查邻域 N_1，然后迭代地在 N_1 中找到一个改进的最好邻域可行解来替换当前的可行解。当在 N_1 范围内达到局部最优解时，VND 切换到邻域 N_2。由于给定 N_2 的规模很大，因此 VND 只检查 N_2 的一个子集 N_2^-，该子集由领域 N_2 中的 $\rho \times |N_2|$ 个随机解组成（ρ 是一个称为抽样概率的参数，算法 4-4 显示了抽样过程，其中 random(·)是[0,1]中的随机实数）。如果在 N_2^- 中检测到改善的解，则 VND 切换回 N_1。当在两个邻域内都找不到改进的解时，VND 终止。

算法 4-3   Variable Neighborhood Descent—VND

1：**input**：Input solution S, neighborhoods N_1 and N_2, sampling probability ρ.

2：**output**：The best solution S_b found during the VND search.

3：$S_b \leftarrow S$ / * S_b record the best solution found so far * /

4：Improve $\leftarrow$ True

5：**while** Improve **do**

6： $S \leftarrow \text{argmax}\{f(S') : S' \in N_1(S)\}$

7： **if** $f(S)>f(S_b)$ **then**

8： $S_b \leftarrow S$ / * Update the best solution found so far * /

9： Improve $=$ True

10： **else**

11： $N_2^- \leftarrow \text{Sampling}(N_2, S, \rho)$

12： $S \leftarrow \text{argmax}\{f(S') : S' \in N_2^-(S)\}$

13： **if** $f(S)>f(S_b)$ **then**

14： $S_b \leftarrow S$ / * Update the best solution found so far * /

15： Improve $\leftarrow$ True

16： **else**

17： Improve $\leftarrow$ False

18： **end if**

19： **end if**

20：**end while**

21：**return** S_b

（2）移动算子、邻域和变邻域下降搜索

为了探索搜索空间内的候选解，I2PLS 算法采用常用的交换算子对解进行变换。具体来说，设 $S = \langle A, \bar{A} \rangle$ 是一个给定的解，其中 A 和 $\bar{A}$ 是选中和非选中物品的集合。$\text{swap}(q, p)$ 表示从 A 中删除 q 物品并从 $\bar{A}$ 中移动 p 物品到 A 的操作。通过将 q 和 p 限制为特定值，引入两个特定的 $\text{swap}(q, p)$ 算子。

第一个算子 $\text{swap}_1(q, p)$（$q \in \{0, 1\}$，$p = 1$）包括文献[167-169]中描述的两个常用操作：Add 算子和 Exchange 算子。通常情况下，$\text{swap}_1(q, p)$ 或将 $\bar{A}$ 中的一个物品添加到 A 中，或将 A 中的一个物品与 $\bar{A}$ 中的另一物品交换，同时满足容量约束。

第二个算子 $\text{swap}_2(q, p)$（$3 \leqslant q + p \leqslant 4$）涵盖了三种不同的情况：①从 A 中删除两个物品，从 $\bar{A}$ 中移动一个物品到 A 中；②从 A 中删除一个物品，从 $\bar{A}$ 中移动两个物品到 A 中；③用 A 中的两个物品交换 $\bar{A}$ 中的两个物品。这三种操作都要求满足背包容量限制。

在这两个 swap 算子的基础上，定义由 swap_1 和 swap_2 生成的邻域 N_1^w 和 N_2^w，如下：

$$N_1^w \{ S' : S' = S \oplus \text{swap}_1(q, p), q \in \{0, 1\}, p = 1, \sum_{j \in \underset{i \in S'}{\cup} U_i} w_j \leqslant C \} \tag{4-1}$$

$$N_2^w \{ S' : S' = S \oplus \text{swap}_2(q, p), 3 \leqslant q + p \leqslant 4, \sum_{j \in \underset{i \in S'}{\cup} U_i} w_j \leqslant C \} \tag{4-2}$$

其中，$S' = S \oplus \text{swap}_k(q, p)$（$k = 1, 2$）是通过对 S 应用 $\text{swap}_1(q, p)$ 或 $\text{swap}_2(q, p)$ 得到的现有解 S 的邻域解。

由于邻域规模较大，因此在每次迭代中探索所有邻域解非常耗时。为了解决这一问题，采用过滤策略来排除没有前景的邻域解[167]，即若 $f(S') > f(S_b)$ 成立，则邻域解 S' 是有价值的，其中 S_b 是算法 4-3 迄今为止找到的最优解。在该过滤策略中，定义以下简化邻域 N_1 和 N_2。

$$N_1(S) = \{ S' \in N_1^w(S) : f(S') > f(S_b) \} \tag{4-3}$$

$$N_2(S) = \{ S' \in N_2^w(S) : f(S') > f(S_b) \} \tag{4-4}$$

如算法 4-3 所述，VND 过程依次检验邻域 N_1 和 N_2 中的解。注意，swap_2 通常会生成大量邻域解，因此，即使是简化邻域 N_2 也可能因为规模过大而无法有效地探索。综上，VND 在每次迭代中都会根据算法 4-4 所示的抽样程序探索 N_2 的部分解。

算法 4-4　Sampling Procedure

1：**input**：Input solution S，neighborhood N_2，sampling probability ρ.

2：**output**：Set N_2^- of sampled solutions from $N_2(S)$.

3：$N_2^- \leftarrow \varnothing$

4： **for** each $S' \in N_2(S)$ **do**

5： **if** random()$<\rho$ **then**

6： $N_2^- \leftarrow N_2^- \cup \{S'\}$

7： **end if**

8： **end for**

9： **return** N_2^-

（3）禁忌搜索

为了在 VND 搜索条件下发现更好的解，引入禁忌搜索过程（算法 4-5），该过程是从一般的禁忌搜索元启发式算法[170]改进而来的。为了探索候选解，TS 依赖于 $\text{swap}_3(q,p)$，（$1 \leqslant q+p \leqslant 2$）算子，它扩展了 VND 中使用的 swap_1，包括 $q=1, p=0$ 的情况，这对应于删除操作（从 A 中删除物品而不添加任何新物品），$\text{swap}_3(1,0)$ 总是导致一个质量较差的邻域解，可以有效地用于搜索多样化。N_3 表示由 swap_3 生成的邻域。

$$N_3(S) = \{S' : S' = S \oplus \text{swap}_3(q,p), 1 \leqslant p+q \leqslant 2, \sum_{j \in \bigcup_{i \in S'} U_i} w_j \leqslant C\} \tag{4-5}$$

如算法 4-5 所示，TS 过程在 N_3 中迭代地从当前解 S 过渡到所选邻域解 S'。在每次迭代中，该解不被禁忌列表（tabu_list）禁止（算法 4-5，第 6 行）。如果 $N_3(S)$ 中不存在改善解，则所选邻域解 S' 相对于 S 必然是更差解或等质量解。正是这一特征使得 TS 过程不落入局部最优陷阱。为了防止搜索时重新访问之前遇到的解，使用禁忌列表记录交换操作中涉及的物品。在接下来的连续 T_i 迭代中，禁忌列表中的每一个物品 i 都被禁止参与任何交换操作，其中 T_i 称为物品 i 的禁忌长度：

$$T_i = \begin{cases} 0.4 \times |A|, & i \in A \\ 0.2 \times |\bar{A}| \times 100/m, & i \in \bar{A} \end{cases} \tag{4-6}$$

当达到最大连续迭代次数 $\omega_{\max}$（禁忌搜索深度）而依然不能进一步改进其最优解时，TS 过程终止。

算法 4-5 Tabu Search—TS

1： **input**：Input solution S, neighborhood N_3, tabu search depth $\omega_{\max}$.

2： **output**：The best solution S_b found during tabu search, the last solution S of tabu search.

3： $S_b \leftarrow S$ /* S_b records the best solution found so far */

4： $\omega \leftarrow 0$ /* ω counts the number of consecutive non-improving iterations */

5： **while** $\omega < \omega_{\max}$ **do**

6： $S \leftarrow \arg\max\{f(S') : S' \in N_3(S) \text{ and } S' \text{ is not forbidden by the tabu\_list}\}$

7： **if** $f(S) > f(S_b)$ **then**

8： $S_b \leftarrow S$ /* Update the best solution S_b found so far */

9： $\omega \leftarrow 0$

10： **else**

11： $\omega \leftarrow \omega+1$

12： **end if**

13： Update the tabu_list

14：**end while**

15：**return**(S_b, S)

4）基于频率的局部最优逃逸阶段

"探索"阶段旨在通过探索新区域实现搜索的多样化。为此,算法记录每个物品被替换的频率,并使用频率信息对当前解进行扰动。具体而言,采用长度为 m 的整数向量 F 进行记录,将其所有元素初始化为 0。每一次交换操作置换一个物品 i,对应的频域值 F_i 就增加 1。因此,低频率的物品是指那些在"探索"阶段不经常移动的物品。在"探索"阶段结束之后,在下一个"探索"阶段开始之前,对当前发现的最好解 $S_b=\langle A_b, \bar{A}_b\rangle$ 做如下修改:从 A_b 中删除频率最低的 $\eta \times |A_b|$ 个物品(η 是一个称为扰动强度的参数),并从 $\bar{A}_b$ 中随机选择物品添加到 A_b 中,直到达到背包的容量为止。这个扰动解将作为算法下一次迭代的新起始解 S_0(算法 4-1,第 10 行)。

4.2.2　实验结果与比较

本节介绍 I2PLS 算法的性能评估,展示文献中常用的 30 个算例的测试结果,并与已有文献中存在的 3 种最先进的 SUKP 算法进行比较,还给出 CPLEX 求解器的结果。

1. 算例

在评估算法性能时采用 30 个基准算例[157],这些算例在最近的另外两项研究[159,163]中也被测试过。根据物品和元素数量之间的关系可以将这些算例分为三组,其中每个算例都有不同的元素密度 α 以及背包容量与所有元素的总重量的不同比率 β。给定 R 是 m 个物品和 n 个元素之间的 $m \times n$ 的二元关系矩阵,其中,$R_{ij}=1$ 表示物品 i 中存在元素 j,w_j 是元素 j 的重量,C 是背包容量。那么,$m\_n\_\alpha\_\beta$ 指定了一个有 m 个物品和 n 个元素的算例,其密度为 α,比率为 β,其中,$\alpha=(\sum_{i=1}^{m}\sum_{j=1}^{n}R_{ij})/(mn)$,$\beta=C\big/\sum_{j=1}^{n}w_j$。这 30 个基准算例分别用 $F_1 \sim F_{10}(m>n)$、$S_1 \sim S_{10}(m=n)$ 和 $T_1 \sim T_{10}(m<n)$ 表示。

2. 实验设置和参考算法

I2PLS 算法用 C++编写,并使用 g++编译器的-O3 选项进行编译。实验在主频为 2.5 GHz、内存为 2 GB、采用 Linux 操作系统的 Intel Xeon E5-2670 处理器上进行。

I2PLS 算法中使用的参数设置如表 4-2 所示。考虑到算法的随机性,实验中通过不同的随机种子运行 100 次(与参考文献[157]和参考文献[163]保持一致)来求解每个算例,每次运行的截止时间为 500 s。

表 4-2　参数设置

参数	含义	值
$\lambda_{\max}$	探索深度	2
ρ	邻域取样概率	0.05
$\omega_{\max}$	禁忌搜索深度	100
η	扰动强度	0.5

在比较研究中,使用以下三种最先进的 SUKP 算法作为参考算法:BABC(二元人工蜂群算法)[157],gPSO(二元粒子群优化算法)[163]和 MS(离散飞蛾搜索算法)[159]。由于获得了 BABC 算法的代码,本节描述了参考文献[157]中报道的结果,也描述了在相同的 500 s 时间限制下 BABC 算法在我们计算机上的运行结果。对于 gPSO 和 MSO4,本节引用相应论文中报告的结果,这些参考算法的运行平台特征如下:BABC 采用主频为 1.8 GHz、内存为 4 GB 的 Intel Core i5-3337U 处理器进行运算,gPSO 采用主频为 4.0 GHz、内存为 32 GB 的 Intel Core i7-4790K 处理器进行运算,MSO4 采用主频为 2.9 GHz、内存为 8 GB 的 Intel Core i7-7500 处理器进行运算。

此外,在本研究进行时,由于已有研究没有报告过使用整数线性规划(ILP)方法求解 SUKP 的结果,因此我们报道了 ILP CPLEX 求解器(版本 12.8)在终止时间为 2 小时情况下得到的结果。

3. 计算结果与比较

表 4-3~ 表 4-5 报告了 I2PLS 在三组基准算例上的计算结果,以及参考算法〔BABC[157],gPSO[163],MSO4[159](MOS4 为参考文献[159]中性能最好的 MS 算法变种)〕的结果。每个表的第 1 列(Instance)给出每个算例的名称;第 2 列(Best_Known)表示文献中报告的、从上述算法对应的论文中收集的最好结果;CPLEX 求解器获得的最佳下界(LB)和上界(UB)分别在第 3 列和第 4 列给出;第 5 列(Results)列出了四个性能指标:最佳目标值(f_{best})、100 次运行的平均目标值(f_{avg})、100 次运行的标准差(std)和达到最佳目标值的平均运行时间 t_{avg}(单位:s);第 6~9 列给出了比较算法的计算结果。结果中带有"-"的表示结果不可用。

由于所比较的算法是在不同的计算平台上运行的,而且它们报告了不同质量的解,因此比较计算时间是没有意义的。因此,本节的算法性能评估以解的质量为准,而运行时间信息仅作为指示说明呈现。

表 4-6 提供了在 30 个算例上 I2PLS 与参考算法测试结果的对比分析,其中"♯Better"、"♯Equal""♯Worse"行表示每种算法获得更好、相等和更差的最大值(Best_Known)与已有文献中最大值相比的算例数量。此外,为了进一步分析 I2PLS 算法的性能,使用 Wilcoxon 符号秩检验检验 I2PLS 与各参考算法之间的比较结果在 f_{best} 值方面的差异显著性,其结果如表 4-6 的最后一行 p-value 所示,其中 p-value 小于 0.05 意味着 I2PLS 与参考算法之间存在显著的性能差异。

表 4-3　I2PLS 算法与参考算法在第一组算例($m>n$)上的结果比较

Instance	Best_Known	LB	UB	Results	BABC	BABC*	gPSO	MSO4	I2PLS
100_85_0.10_0.75 *	13 283	13 283	13 283	f_{best}	13 251	13 283	13 283	13 283	13 283
				f_{avg}	13 208.5	13 283	13 050.53	13 062	13 283
				std	92.63	0	37.41	—	0
				t_{avg}	0.21	51.102	—	1.398	3.094
100_85_0.15_0.85 *	12 274	12 479	12 479	f_{best}	12 238	12 479	12 274	—	12 479
				f_{avg}	12 155	12 479	12 084.82	—	12 335.13
				std	53.29	0	95.38	—	98.78
				t_{avg}	0.223	24.032	—	—	103.757
200_185_0.10_0.75	13 521	11 585	27 055.82	f_{best}	13 241	13 402	13 405	13 521	13 521
				f_{avg}	13 064.4	13 260.16	13 286.56	13 193	13 521
				std	99.57	38.98	93.18	—	0
				t_{avg}	1.562	253.693	—	7.901	71.984
200_185_0.15_0.85	14 044	11 017	29 625.82	f_{best}	13 829	14 215	14 044	—	14 215
				f_{avg}	13 359.2	14 026.18	13 492.60	—	14 031.28
				std	234.99	151.55	328.72	—	131.46
				t_{avg}	1.729	241.932	—	—	180.809
300_285_0.10_0.75	11 335	9 028	43 937.51	f_{best}	10 428	10 572	11 335	11 127	11 563
				f_{avg}	9 994.76	10 466.45	10 669.51	10 302	11 562.02
				std	154.03	61.94	227.85	—	3.94
				t_{avg}	5.281	315.24	—	24.912	181.248
300_285_0.15_0.85	12 245	6 889	53 164.23	f_{best}	12 012	12 245	12 245	—	12 607
				f_{avg}	10 902.9	12 019.28	11 607.10	—	12 364.55
				std	449.45	85.76	477.8	—	83.03
				t_{avg}	5.673	226.818	—	—	240.333
400_385_0.10_0.75	11 484	8 993	66 798.30	f_{best}	10 766	11 021	11 484	11 435	11 484
				f_{avg}	10 065.2	10 608.91	10 915.87	10 411	11 484
				std	241.45	138.07	367.75	—	0
				t_{avg}	12.976	293.56	—	56.838	31.801
400_385_0.15_0.85	10 710	5 179	77 480.39	f_{best}	9 649	9 649	10 710	—	11 209
				f_{avg}	9 135.98	9 503.65	9 864.55	—	11 157.26
				std	151.9	94.69	315.38	—	87.29
				t_{avg}	13.359	270.813	—	—	141.525
500_485_0.10_0.75	11 722	7 202	86 166.50	f_{best}	10 784	10 927	11 722	11 031	11 771
				f_{avg}	10 452.2	10 628.31	11 184.51	10 716	11 729.76
				std	114.35	70.31	322.98	—	6.59
				t_{avg}	25.372	486.21	—	124.378	349.545

续 表

Instance	Best_Known	LB	UB	Results	BABC	BABC*	gPSO	MSO4	I2PLS
500_485_0.15_0.85	10 022	4 762	97 218.01	f_{best}	9 090	9 306	10 022	—	**10 238**
				f_{avg}	8 857.89	9 014.01	9 299.56	—	**10 133.94**
				std	94.55	64.06	277.62	—	94.72
				t_{avg}	26.874	482.74	—	—	369.375

表 4-4　I2PLS 算法与参考算法在第二组算例($m=n$)上的结果比较

Instance	Best_Known	LB	UB	Results	BABC	BABC*	gPSO	MSO4	I2PLS
100_100_0.10_0.75 *	*14 044*	*14 044*	*14 044*	f_{best}	13 860	*14 044*	*14 044*	*14 044*	*14 044*
				f_{avg}	13 734.9	14 040.87	13 854.71	13 649	**14 044**
				std	70.76	11.51	96.23	—	0
				t_{avg}	0.213	169.848	—	1.646	38.245
100_100_0.15_0.85 *	*13 508*	*13 508*	*13 508*	f_{best}	*13 508*	*13 508*	*13 508*	—	*13 508*
				f_{avg}	13 352.4	**13 508**	13 347.58	—	13 451.50
				std	155.14	0	194.34	—	126.49
				t_{avg}	0.244	6.795	—	—	70.587
200_200_0.10_0.75	*12 522*	11 187	29 394.32	f_{best}	11 846	12 350	*12 522*	12 350	*12 522*
				f_{avg}	11 194.3	11 953.11	11 898.73	11 508	**12522**
				std	249.58	97.57	391.83	—	0
				t_{avg}	1.633	183.130	—	8.112	54.78
200_200_0.15_0.85	*12 317*	9 258	30 610.99	f_{best}	11 521	11 929	*12 317*	—	*12 317*
				f_{avg}	10 945	11 695.21	11 584.64	—	**12 280.07**
				std	255.14	78.33	275.32	—	57.77
				t_{avg}	1.819	147.93	—	—	238.348
300_300_0.10_0.75	12 736	11 007	45 191.75	f_{best}	12 186	12 304	12 695	12 598	**12 817**
				f_{avg}	11 945.8	12 202.80	12 411.27	11 541	**12 817**
				std	127.8	67.81	225.8	—	0
				t_{avg}	5.315	202.515	—	28.612	66.403
300_300_0.15_0.85	11 425	7 590	51 891.53	f_{best}	10 382	10 857	11 425	—	**11 585**
				f_{avg}	9 859.69	10 383.64	10 568.41	—	**11 512.18**
				std	177.02	75.79	327.48	—	73.15
				t_{avg}	6.019	113.38	—	—	220.100
400_400_0.10_0.75	11 531	7 910	68 137.98	f_{best}	10 626	10 869	11 531	10 727	**11 665**
				f_{avg}	10 101.1	10 591.65	10 958.96	10 343	**11 665**
				std	196.99	105.83	274.9	—	0
				t_{avg}	12.805	298.97	—	58.433	18.733

Instance	Best_Known	LB	UB	Results	BABC	BABC*	gPSO	MSO4	I2PLS
400_400_0.15_0.85	10 927	4 964	77 719.78	f_{best}	9 541	10 048	10 927	—	**11 325**
				f_{avg}	9 032.95	9 602.13	9 845.17	—	**11 325**
				std	194.18	142.77	358.91	—	0
				t_{avg}	12.953	386.555	—	—	76
500_500_0.10_0.75	10 888	7 500	85 184.48	f_{best}	10 755	10 755	10 888	10 355	**11 249**
				f_{avg}	10 328.5	10 522.56	10 681.46	9 919	**11 243.40**
				std	94.62	70.17	125.36		27.43
				t_{avg}	27.735	194.49	—	121.62	134.186
500_500_0.15_0.85	10 194	3 948	101 964.36	f_{best}	9 318	9 601	10 194	—	**10 381**
				f_{avg}	9 180.74	9 334.52	9 703.62	—	**10 293.89**
				std	84.91	40.59	252.84	—	85.53
				t_{avg}	27.813	135.130	—	—	237.894

表 4-5　I2PLS 算法与参考算法在第三组算例 ($m < n$) 上的结果比较

Instance	Best_Known	LB	UB	Results	BABC	BABC*	gPSO	MSO4	I2PLS
85_100_0.10_0.75 *	*12 045*	*12 045*	*12 045*	f_{best}	11 664	*12 045*	*12 045*	11 735	*12 045*
				f_{avg}	11 182.7	11 995.12	11 486.95	11 287	**12 045**
				std	183.57	53.15	137.52	—	0
				t_{avg}	0.188	206.57	—	1.354	2.798
85_100_0.15_0.85 *	*12 369*	*12 369*	*12 369*	f_{best}	*12 369*	*12 369*	*12 369*	—	*12 369*
				f_{avg}	12 081.6	**12 369**	11 994.36	—	12 315.53
				std	193.79	0	436.81	—	62.60
				t_{avg}	0.217	0.531	—	—	17.47
185_200_0.10_0.75	*13 696*	12 264	25 702.48	f_{best}	13 047	13 647	*13 696*	13 647	*13 696*
				f_{avg}	12 522.8	13 179.14	13 204.26	13 000	**13 695.60**
				std	201.35	100.78	366.56	—	3.68
				t_{avg}	1.502	202.56	—	7.642	124.136
185_200_0.15_0.85	11 298	8 608	26 289.16	f_{best}	10 602	10 926	*11 298*	—	*11 298*
				f_{avg}	10 150.6	10 749.46	10 801.41	—	**11 276.17**
				std	152.91	97.24	205.76	—	83.78
				t_{avg}	1.948	259.05	—	—	139.865
285_300_0.10_0.75	11 568	9 421	44 274.85	f_{best}	11 158	11 374	*11 568*	11 391	*11 568*
				f_{avg}	10 775.9	11 143.69	11 317.99	10 816	**11 568**
				std	116.8	76.9	182.82	—	0
				t_{avg}	5.45	426.68	—	24.539	25.128

续 表

Instance	Best_Known	LB	UB	Results	BABC	BABC*	gPSO	MSO4	I2PLS
285_300_0.15_0.85	11 517	7 634	51 440.30	f_{best}	10 528	10 822	11 517	—	**11 802**
				f_{avg}	9 897.92	10 396.60	10 899.20	—	**11 790.43**
				std	186.53	128.63	300.36	—	27.51
				t_{avg}	5.571	192.575	—	—	206.422
385_400_0.10_0.75	10 483	9 591	5 917.77	f_{best}	10 085	10 110	10 483	9 739	**10 600**
				f_{avg}	9 537.5	9 926.18	10 013.43	9 240	**10 536.53**
				std	184.62	87.43	202.4	—	56.08
				t_{avg}	13.012	203.87	—	57	234.475
385_400_0.15_0.85	10 338	5 810	73 409.01	f_{best}	9 456	9 659	10 338	—	**10 506**
				f_{avg}	9 090.03	9 444.34	9 524.98	—	**10 502.64**
				std	156.69	46.4	286.16	—	23.52
				t_{avg}	13.724	177.91	—	—	129.505
485_500_0.10_0.75	11 094	5 940	84 239.56	f_{best}	10 823	10 835	11 094	10 539	**11 321**
				f_{avg}	10 483.4	10 789.57	10 687.62	10 190	**11 306.47**
				std	228.34	27.29	168.06	—	36
				t_{avg}	27.227	299.26	—	114.066	207.118
485_500_0.15_0.85	10 104	4 325	10 0374.77	f_{best}	9 333	9 380	10 104	—	**10 220**
				f_{avg}	9 085.57	9 258.82	9 383.28	—	**10 179.45**
				std	115.62	58.72	241.01	—	46.97
				t_{avg}	28.493	49.170	—	—	238.63

表 4-6　I2PLS 算法与参考算法测试结果的对比分析

Instance	Best_Known	BABC	BABC*	gPSO	MSO4	I2PLS
# Better	—	0	2	0	0	18
# Equal		2	6	28	3	12
# Worse	—	28	22	2	12	0
p-value	2.14e−4	4.00e−6	2.89e−5	1.43e−4	2.52e−3	—

根据表 4-3～表 4-5 可知,与表中 30 个算例的已知最好结果相比,I2PLS 算法性能优异。特别地,I2PLS 算法在 18 个算例上改进了已有文献中取得的最好值,同时在其余 12 个算例上取得了与已有文献相同的目标值。特别地,在这 12 个算例中,有 6 个具有 85～100个物品的算例被 CPLEX 求解器(LB=UB)求解为最优解,说明这 6 个算例相对较简单。与参考算法(BABC/BABC*,gPSO,MS)相比,I2PLS 算法在所有算例中无一例外地报告了更好的或相等的 f_{best} 值;就平均结果(f_{avg})而言,I2PLS 算法也表现出了优异的性能,除了BABC* 具有更大平均值的三种情况(100_85_0.15_0.85,100_100_0.15_0.85 和 85_100_0.15_0.85)外,I2PLS 算法对所有算例都报告了更好的或相等的 f_{avg}。此外,I2PLS 算法的 f_{best} 具有较小的标准差(std),这表明该算法具有更高的稳健性。

表 4-6 中的 p 值(<0.05)来自 Wilcoxon 符号秩检验,证实了 I2PLS 算法的结果在统计

上显著优于参考算法在文献中最好的结果。

将 I2PLS 算法与 BABC、BABC* 和 gPSO 在 3 组算例上的结果进行图形化展示,由于 MSO4 算法在 30 个算例中报道的结果不完整,因此此处未展示该算法的结果。图 4-1 比较了各算法的最佳目标值和平均目标值,图 4-2 比较了各算法的标准差。可以看出,I2PLS 算法在所选取的指标上比参考算法更有优势。

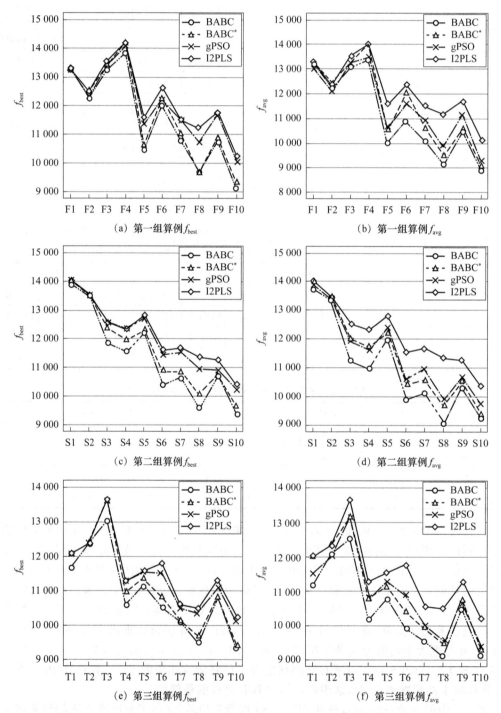

图 4-1 3 组算例的 BABC、BABC*、gPSO 和 I2PLS 的最佳目标值和平均目标值

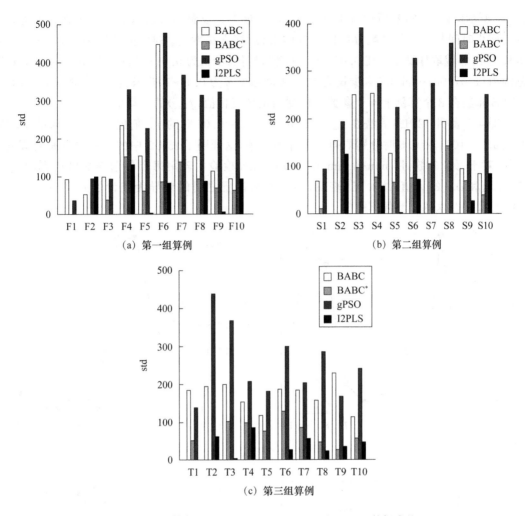

图 4-2 3 组算例的 BABC、BABC*、gPSO 和 I2PLS 的标准差

4.2.3 分析与总结

本节对算法的参数和主要模块进行分析,以说明它们对性能的影响。

1. 分析参数

如表 4-2 所示,I2PLS 算法有 4 个参数:探索深度 λ_{max}、邻域取样概率 ρ、禁忌搜索深度 ω_{max}、扰动强度 η。为了分析参数的敏感性和可调性,本节从 30 个算例中选取了 8 个算例,即185_200_0.15_0.85、200_185_0.15_0.85、200_200_0.15_0.85、300_285_0.15_0.85、400_385_0.15_0.85、500_485_0.10_0.75、500_485_0.15_0.85 和 500_500_0.15_0.85。从表 4-3～表 4-5 可以看出,参考算法在大多数算例上有较大的标准差,这意味着它们的求解难度较大。由于包含 85～100 个物品的算例可以很轻易地被 CPLEX 精确地求解,因此以下分析中排除了这些算例。

本节对每个参数进行独立研究时,在预先确定的范围内改变其值,而其他参数均设为

表 4-2 所示的默认值,然后运行 I2PLS 算法,对该参数设置 30 次,以求解 8 个选择的算例,令其截止时间与之前测试配置相同。具体来说,探索深度 λ_{max} 的取值范围为 $\{1,2,\cdots,10\}$,步长为 1;邻域取样概率 ρ 在 0.01~0.10 之间变化,步长为 0.01;禁忌搜索深度 ω_{max} 的取值范围为 $\{100,200,\cdots,1\,000\}$,步长为 100;扰动强度 η 为 0.1~1,步长为 0.1。图 4-3 显示了 I2PLS 算法在 8 个算例上 4 个参数下得到的最佳目标值(f_{best})的平均值。

图 4-3 表明,I2PLS 算法在 $\lambda_{max}=2$、$\rho=0.05$($\rho=0.05$ 时的 f_{avg} 值比 $\rho=0.04$ 时的 f_{avg} 值好)、$\omega_{max}=100$、$\eta=0.5$ 时分别取得了更好的效果,这证明了表 4-2 中的参数设置是合理的。此外,对于每个参数,用 non-parametric Friedman 检验比较用每个备选参数值达到的 f_{best} 值。λ_{max} 和 ω_{max} 的 p 值(>0.05)表明,不同参数设置之间的差异无统计学意义,这意味着 I2PLS 算法对这两个参数不敏感。

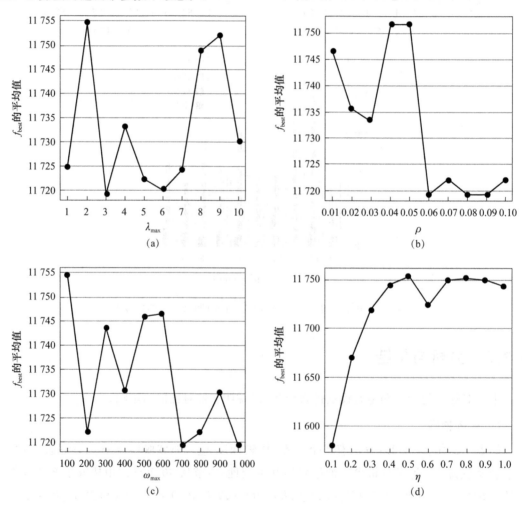

图 4-3 分别在四个参数的不同值下执行 I2PLS 算法得到的 8 个算例 f_{best} 的平均值

2. VND 过程的有效性

VND 过程探索了两个邻域 N_1 和 N_2,并以抽样概率 ρ 来探索部分邻域 N_2。为了研究这种抽样策略的影响,本节进行了一个实验,设 $\rho \in \{0.05, 0.0, 1.0\}$,其中,$\rho=0.05$ 的结果如

表 4-2 所示；$\rho=0.0$ 表示在下降搜索过程中仅使用邻域 N_1，而 N_2 被禁用；$\rho=1.0$ 表示搜索了整个邻域（N_1 和 N_2）。分别用 $VND_{0.05}$、$VND_{0.0}$ 和 $VND_{1.0}$ 来表示这 3 个 VND 变种。考虑到 VND 过程在每次迭代中都采用最佳改进策略，且观察 N_2 中采用第一次改进策略的效果是有意义的，因此设置第四个变种——具有第一次改进策略且 $\rho=1.0$ 的 VND 变种（表示为 $VND_{1.0}^{f}$）。在 4.2.2 节的"3. 计算结果与比较"中的条件下运行这 4 个 VND 变种来解决 30 个算例，其结果如表 4-7 中所示，其中，行 ♯Better、♯Equal 和 ♯Worse 分别表示 $VND_{0.0}$、$VND_{1.0}$ 和 $VND_{1.0}^{f}$ 获得比 $VND_{0.05}$（这是 I2PLS 算法的默认策略）更好、相等和更差的结果的算例的数量。

表 4-7　VND 策略对 I2PLS 算法性能的影响

Instance	$VND_{0.05}$	$VND_{0.0}$	$VND_{1.0}$	$VND_{1.0}^{f}$
100_85_0.10_0.75	13 283	13 283	13 283	13 283
100_85_0.15_0.85	12 479	12 479	12 479	12 479
200_185_0.10_0.75	13 521	13 521	13 521	13 521
200_185_0.15_0.85	14 215	14 215	14 215	14 215
300_285_0.10_0.75	11 563	11 563	11 563	11 563
300_285_0.15_0.85	**12 607**	12 500	12 332	12 332
400_385_0.10_0.75	11 484	11 484	11 484	11 484
400_385_0.15_0.85	11 209	11 209	11 209	11 209
500_485_0.10_0.75	**11 771**	11 729	11 746	11 729
500_485_0.15_0.85	**10 238**	10 194	10 194	10 194
100_100_0.10_0.75	14 044	14 044	14 044	14 044
100_100_0.15_0.75	13 508	13 508	12 238	13 508
200_200_0.10_0.75	12 522	12 522	12 522	12 522
200_200_0.15_0.85	12 317	12 317	12 317	12 317
300_300_0.10_0.75	12 817	12 817	12 817	12 817
300_300_0.15_0.85	11 585	11 585	11 502	11 585
400_400_0.10_0.75	11 665	11 665	11 665	11 665
400_400_0.15_0.85	11 325	11 325	11 325	11 325
500_500_0.10_0.75	11 249	11 249	11 249	11 249
500_500_0.15_0.85	10 381	10 381	10 381	10 381
85_100_0.10_0.75	12 045	12 045	12 045	12 045
85_100_0.15_0.85	12 369	12 369	12 369	12 369
185_200_0.10_0.75	13 696	13 696	13 696	13 696
185_200_0.15_0.85	11 298	11 298	11 298	11 298
285_300_0.10_0.75	11 568	11 568	11 568	11 568
285_300_0.15_0.85	11 802	11 802	11 802	11 802
385_400_0.10_0.75	10 600	10 600	10 600	10 600
385_400_0.15_0.85	10 506	10 506	10 506	10 506

Instance	$VND_{0.05}$	$VND_{0.0}$	$VND_{1.0}$	$VND_{1.0}^{f}$
485_500_0.10_0.75	11 321	11 321	11 321	11 321
485_500_0.15_0.85	10 220	10 220	10 220	10 208
# Better	—	0	0	0
# Equal	—	27	25	26
# Worse	—	3	5	4

表 4-7 显示,$\rho=0.05$ 时表现最好。与 $VND_{0.05}$ 相比,$VND_{0.0}$ 在 3 个算例上获得了较差的结果,而在其他 27 个算例上获得了相同的结果;$VND_{1.0}$ 在 25 个算例上达到了与 $VND_{0.05}$ 相同的结果,而在 5 个算例上的结果较差;$VND_{1.0}^{f}$ 在 4 个算例上取得了更差的结果,而在其他 26 个算例上取得了与 $VND_{0.05}$ 相同的结果。此外,当探索整个邻域 N_2 时,最佳改善策略和第一次改善策略的效果都不佳。这可以解释为,考虑到 N_2 的广度,对这个邻域的彻底检查消耗大量时间成本。在截止时间内,VND 搜索不能进行多次迭代,减少了遇到高质量解的机会。最后,non-parametric Firedman 检验的 p 值为 4.18e−2,表明比较的 VND 变种之间存在着显著的差异,这意味着 I2PLS 算法采用的 VND 策略和取样策略影响算法性能。

3. 基于频率的局部最优逃逸策略的有效性

I2PLS 算法的基于频率的局部最优逃逸策略对局部最优解 $S_b=(A,\bar{A})$ 进行扰动,即用从 $\bar{A}$ 中随机选择的物品替换 A 的前 $\eta\times|A|$(在 I2PLS 算法中,η 被设置为 0.5)个最不频繁移动的物品。在这个实验中,将 I2PLS 算法与两个具有不同扰动策略的变种进行了比较。在第一个变种(用 $I2PLS_{random}$ 表示)中,用 $0.5\times|A|$ 个物品来替换随机选择的 A 物品,而在第二个变种(用 $I2PLS_{strong}$ 表示)中,通过用 $\bar{A}$ 的物品替换 A 的所有物品来进行非常强的扰动(设置 η 为 1)。对 I2PLS、$I2PLS_{random}$ 和 $I2PLS_{strong}$ 各运行 30 次,以解决 30 个算例。这个实验的计算结果显示在表 4-8 中,除了包含每个算法的 f_{best} 值外,表 4-8 的最后三行显示 $I2PLS_{random}$ 和 $I2PLS_{strong}$ 与 I2PLS 相比有更好、相等和更差结果的算例的数量。

表 4-8 基于频率的局部最优逃逸策略对 I2PLS 算法性能的影响

Instance	I2PLS	$I2PLS_{random}$	$I2PLS_{strong}$
100_85_0.10_0.75	13 283	13 283	13 283
100_85_0.15_0.85	12 479	12 479	12 479
200_185_0.10_0.75	13 521	13 521	13 521
200_185_0.15_0.85	14 215	14 215	14 215
300_285_0.10_0.75	11 563	11 563	11 563
300_285_0.15_0.85	12 607	12 607	12 607
400_385_0.10_0.75	11 484	11 484	11 484
400_385_0.15_0.85	11 209	11 209	11 209
500_485_0.10_0.75	**11 771**	11 729	11 729

Instance	I2PLS	I2PLS$_{random}$	I2PLS$_{strong}$
500_485_0.15_0.85	**10 238**	10 194	10 194
100_100_0.10_0.75	14 044	14 044	14 044
100_100_0.15_0.75	13 508	13 508	13 508
200_200_0.10_0.75	12 522	12 522	12 522
200_200_0.15_0.85	12 317	12 317	12 317
300_300_0.10_0.75	12 817	12 817	12 817
300_300_0.15_0.85	11 585	11 585	11 585
400_400_0.10_0.75	11 665	11 665	11 665
400_400_0.15_0.85	11 325	11 325	11 325
500_500_0.10_0.75	11 249	11 249	11 249
500_500_0.15_0.85	10 381	10 381	10 381
85_100_0.10_0.75	12 045	12 045	12 045
85_100_0.15_0.85	12 369	12 369	12 369
185_200_0.10_0.75	13 696	13 696	13 696
185_200_0.15_0.85	11 298	11 298	11 298
285_300_0.10_0.75	11 568	11 568	11 568
285_300_0.15_0.85	11 802	11 802	11 802
385_400_0.10_0.75	10 600	10 600	10 600
385_400_0.15_0.85	10 506	10 506	10 506
485_500_0.10_0.75	11 321	11 321	11 321
485_500_0.15_0.85	10 220	10 220	10 220
# Better	—	0	0
# Equal	—	28	28
# Worse	—	2	2

表 4-8 显示,具有基于频率的局部最优逃逸策略的 I2PLS 算法的性能略优于具有其他扰动策略的两个变种。实际上,虽然 I2PLS$_{random}$ 和 I2PLS$_{strong}$ 在 28 个算例上得到了相同的结果,但是 I2PLS 在两个最困难的算例(500_485_0.10_0.75 和 500_485_0.15_0.85)上获得了更好的结果。实验结果表明,基于频率的局部最优逃逸策略对解决较大规模的问题有帮助。non-parametric Friedman 检验的 p 值为 $1.35\mathrm{e}-1$,表明参与比较的策略之间的差异很小。

4. 总结

本节所研究的集合联盟背包问题(SUKP)是传统的 0-1 背包问题的推广,具有多种实际应用,现有的求解方法主要基于蜂群优化算法。本节介绍了一种直接在离散搜索空间中求解 SUKP 的局部搜索方法,该算法在迭代局部搜索框架内结合了一个局部最优探索阶段和一个基于频率的局部最优逃逸阶段。

使用 I2PLS 算法在文献中常见的 30 个算例上进行了测试,结果显示,与已知最先进的 SUKP 算法相比,I2PLS 算法具有很高的竞争性能。具体来说,I2PLS 算法在 18 个算例上改进了已知的最佳结果(新的下界),而在其余 12 个算例上达到了已有文献的最佳结果。本节介绍了 CPLEX 求解器解决 SUKP 的能力,结果表明其只能在 6 个小算例上达到最优解。此外,本节分析了参数和算法的主要组成部分对其性能的影响。

后期改进方向如下。首先,虽然该算法使用过滤机制和抽样策略缩小邻域,但评估一个给定的邻域解仍然很耗时,因此为了加快搜索过程,寻求精简技术以降低邻域评估的复杂性是非常有用的。其次,考虑到不同物品之间组成元素的潜在强关联性,局部搜索和基于群体的搜索的混合方法可能有助于提升性能。

4.3 基于核的禁忌搜索算法

通过对比分析,前文提到的用于解决 SUKP 的算法实际上还存在一定的局限性。第一,这些算法缺乏稳定性(计算结果具有较大的标准差),即使在解决小型基准测试算例(包含 85~100 个物品和元素)时也是如此。第二,当它们用于解决大型算例(至少有 500 个物品和元素)时,性能通常会下降。第三,它们消耗大量的计算时间来得到结果。第四,大多数现有算法需要大量参数(例如,I2PLS 和 HBPSO/TS 两个主要算法分别需要 4 个和 7 个参数),这使得控制它们的性能和理解它们的策略变得困难。

本节采用基于核的搜索思想来设计求解 SUKP 的高效算法,目标是更有效和稳健地解决 SUKP,特别是在解决大规模算例时。事实上,核搜索(Kernel Searck,KS)的思想已经被证明对一些二元优化问题是相当有用的[171-173]。本节提出的基于核的禁忌搜索(Kernel Based Tabu Search,KBTS)算法整合了三个互补的搜索组件对搜索空间进行有效探索。具体而言,一个局部搜索模块被用来寻找各种局部最优值,一个核搜索模块被用来在特定区域内发现额外的高质量解,一个非核搜索模块被用来确保搜索的多样化。本节通过在 60 个基准算例上与最先进的算法进行比较,展示了 KBTS 算法的有效性。KBTS 算法为若干 SUKP 基准算例提供了新的下界,可以为未来的 SUKP 研究做出贡献。

4.3.1 算法框架与具体内容

1. 算法框架

KBTS 算法的流程图如图 4-4 所示,对应的伪代码如算法 4-6 所示。

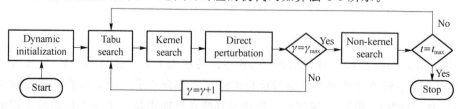

图 4-4 KBTS 算法的流程图

算法 4-6 Kernel Based Tabu Search for SUKP

1：**input**：Instance I, cut-off time t_{max}, neighborhoods N_f, N_k, $\bar{N}_k$, local search depth γ_{max}, kernel coefficient ε, direct perturbation strength δ.

2：**output**：The best solution found S^*.

3：$S \leftarrow$ Dynamic_Initialization(I)   /* Generate an initial solution S */

4：$S^* \leftarrow S$ /* Record the overall best solution S^* */

5：**while** Time$\leqslant t_{max}$ **do**

6： $\Phi \leftarrow$ Frequency_Initialization()   /* Initialize frequency counter Φ to 0 */

7： $S_b \leftarrow S$ /* Record the best solution S_b found so far */

8： $\gamma \leftarrow 0$ /* γ counts the number of consecutive non-improving rounds */

9：   **repeat**

10：   /* Record the local optimum S_l found by tabu search */

        $(S_l, S_k, \bar{S}_k) \leftarrow$ Tabu_Search($S, N_f, \Phi, \varepsilon$)

11： $S_l \leftarrow$ Kernel_Search(S_k, S_l, N_k)

12： $S \leftarrow$ Direct_Perturbation(S_l, δ)

13：   **if** $f(S_l) > f(S_b)$ **then**

14： $S_b \leftarrow S_l$ /* Update the local best solution S_b found so far */

15： $\gamma \leftarrow 0$

16：   **else**

17： $\gamma \leftarrow \gamma + 1$

18：   **end if**

19：   **until** $\gamma = \gamma_{max}$

20：   **if** $f(S_b) > f(S^*)$ **then**

21： $S^* \leftarrow S_b$ /* Update the overall best solution S^* found so far */

22：   **end if**

23： $S \leftarrow$ Non-Kernel_Search($\bar{S}_k, \bar{N}_k$)

24：**end while**

25：**return** S^*

该算法从一个由动态性价比机制(算法 4-6,第 3 行)生成的可行初始解开始,进入一个"while"循环来执行主搜索过程。具体地说,通过一个迭代过程来改进输入解,其中包括禁忌搜索过程、核搜索过程和直接扰动过程。在此过程的每次迭代中,首先调用禁忌搜索过程(算法 4-6,第 10 行),以获得邻域 N_f 中的高质量解,在禁忌搜索期间,根据频率计数器 Φ 创建一个核解(S_k)和一个非核解($\bar{S}_k$);然后,调用核搜索过程(算法 4-6,第 11 行),使用邻域 N_k 围绕核解进行强化搜索,以寻找其他高质量解。在此之后,采用直接扰动过程修改找到的最后一个局部最优值(由参数 δ 控制),然后使用该局部最优值开始搜索过程的下一次迭代。当达到 γ_{max} 连续迭代时,此过程结束,而不再进一步改进局部最优解 S_b。此时,算法已对当前搜索区域进行了详尽地搜索,将切换到非核搜索过程来搜索遥远而未被搜索的区域。最后,当达到给定的时间限制 t_{max} 时,整个算法终止,并返回搜索过程中发现的整体最佳解 S^*。

2. 具体内容

1) 解的表达、搜索空间和评估功能

KBTS算法的搜索范围仅限于满足背包约束的可行解空间 Ω^F。参照具有 m 项的物品集 V,S 的候选解 F 可以方便地表示为 $S = \{y_1, \cdots, y_m\}$,其中每个 y_i 都是一个二值变量。如果物品 i 被选中,则 $y_i = 1$,否则 $y_i = 0$,一个解 S 也可以用 $S = \langle A, \bar{A} \rangle$ 来表示,其中 $A \subseteq V$ 是被选物品的集合 $\bar{A} = V \backslash A$ 是其余物品的集合。S 的量由其目标值 $f(S) = \sum_{i=1}^{m} p_i y_i$ 确定。

2) 动态初始化

KBTS算法采用了动态性价比机制来构造初始解。这个初始化策略基于这样一个事实:对于一个给定的解 S,每个元素的权重只计算一次。当一个新的物品 k 被添加到 S 时,只有不属于子集 S 的 k 的新元素会影响到总重量。因此,在我们的初始化程序中,在向 S 添加一个新物品后,将根据属于当前解 S 的元素重新计算未被选择的物品的性价比。那么,未被选择物品 r_k^* 的动态性价比为 $r_k^* = p_k \Big/ \sum_{j \in U_k \wedge j \notin \bigcup_{i \in S} U_i} w_j$。

从一个空的子集 S 开始,动态初始化程序操作如下:首先计算未被选择物品的动态性价比 r_k^*;其次确定具有最高 r_k^* 值的物品 k,并将该物品加入 S。反复进行以上这两个步骤,直到达到背包容量。这种动态性价比的初始化机制完善了 Wei 和 Hao[26] 使用的静态性价比策略,理论上会得到更好的初始解。

3) 禁忌搜索过程

KBTS算法采用禁忌搜索(TS)算法[170]在一个限定的邻域内搜索局部最优解。作为一种通用的搜索方法,TS 需要充分适应于所考虑的特定优化问题。已有研究发现,TS 在解决几个背包问题上相当成功,例如,二次多重背包问题(Quadratic Multiple Knapsack Problem)[122]、多维背包问题(Multidimensional Knapsack Problem)[174,175]、集合联盟背包问题(Set-Union Knapsack Problem)[26,160] 等优化问题[176,177]。

本节的禁忌搜索程序如算法 4-7 所示。给定一个输入解 S,禁忌搜索程序由 swap 算子导入邻域 $N_f(S)$,以便从当前解转换到邻域解。对于每个"while"迭代(算法 4-7,第 5~11 行),禁忌搜索用邻域搜索程序选择最佳邻域解,如算法 4-8 所示。如果新选择的解 S 比在禁忌搜索过程中发现的最佳解 S_l 更好,则 S_l 被更新为 S。同时,S 中每个被选物品 i 的频率计数器 Φ_i 更新为 $\Phi_i + 1$。当邻域 $N_f(S)$ 变成空集时,主搜索("while"循环)终止,如算法 4-8 所示。最后,根据频率计数器创建核解 S_k 和非核解 $\bar{S}_k$。

算法 4-7　Tabu Search

1：**input**：Input solution S, neighborhood N_f, frequency counter Φ, kernel coefficient ε.

2：**output**：Best solution S_l found during tabu search, kernel solution S_k, non-kernel solution $\bar{S}_k$.

3：$S_l \leftarrow S$ 　　　　　　　/* Record the best solution S_l found during tabu search */

4：Continue ← True

5：**while** Continue **do**

6：　(Continue，S) ← Neighborhood_Search(S, N_1, Continue)

7：　**if** $f(S) > f(S_1)$ **then**

8：　　$S_1 ← S$　　　　／＊ Update the best solution found during tabu search ＊／

9：　　Φ ← Update_Frequency(Φ)

10：　**end if**

11：**end while**

12：S_k ← Create_Kernel(Φ, ε)

13：$\bar{S}_k$ ← Create_Non_Kernel(S_k)

14：**return**(S_1, S_k, $\bar{S}_k$)

算法 4-8　Neighborhood Search

1：**input**：Input solution S, flag Continue, neighborhood N.

2：**output**：Continue, best solution S found.

3：Find admissible neighbor solutions $N(S)$

4：**if** $N(S) \neq \varnothing$ **then**

5：　$S ← \arg\max\{f(S') ： S' \in N(S)\}$　／＊ Attain the best neighbor solution S ＊／

6：　Update tabu_list

7：　Continue＝True

8：**else**

9：　Continue＝False

10：**end if**

11：**return**(Continue，S)

（1）移动操作和邻域结构

通过应用常用的 swap 算子[26]，从当前的解产生一个邻域解。具体来说，给定一个解 $S = \langle A, \bar{A} \rangle$，其中 $A \subseteq V$ 是所选物品的集合，$\bar{A} = V \backslash A$，swap(q, p) 操作将 A 中的物品 q 与 $\bar{A}$ 中的物品 p 进行交换，从而得到指定为 $S \oplus$swap(q, p) 的邻域解。注意，q 和 p 是指参与 swap 算子的物品数。q 和 p 的候选值是 0 或 1。因此，swap 算子包括三个不同的操作：Add 操作（$q = 0, p = 1$），Delete 操作（$q = 1, p = 0$，即从 A 中删除一个物品）和 exchange 操作（$q = 1, p = 1$，即用 A 中的一个物品交换 $\bar{A}$ 中的一个物品）。那么，由 swap 算子引入的基本邻域包括由 $S \oplus$swap(q, p) 得到的所有可行的解。

为了提高 KBTS 算法的计算效率，本节使用邻域过滤策略[26,167]来定义一个限制性邻域，以排除没有希望的邻域解。通过这种策略，只考虑具有合理质量的邻域解 S'，验证 $f(S') > f(S_b)$，其中，S_b 是在当前禁忌搜索运行中发现的最好解。形式上，基于过滤的邻域 $N_f(S)$ 的定义如下。

$$N_f(S) = \{S' : S' = S \oplus \text{swap}(q,p), q \in \{0,1\}, p \in \{0,1\}, f(S') > f(S_b)\} \quad (4\text{-}7)$$

为了保证评估可行邻域解时的计算效率,采用增益更新策略[26,160]。使用一个长度为 n 的向量 G,其中 G_j($G_j \in \{0,1,\cdots,n\}$)记录了元素 j 在解 S 中出现的次数。因此,在计算新邻域解 $S \oplus \text{swap}(q,p)$ 的总重量时,只有在执行 $\text{swap}(q,p)$ 后在 G 中改变值的元素才会被考虑。也就是说,对于每个元素 j,如果它的 G_j 值从零变为非零,则新解的总重量 w_j 增加;如果 G_j 从非零变为零,则新解的总重量 w_j 减少;在其他情况下,邻域解的总重量保持不变。

(2)禁忌列表管理与期望准则

禁忌搜索程序采用了一个禁忌列表,以避免重访以前遇到的解。当一个 swap 操作被执行时,参与交换的每个物品 i 被添加到禁忌列表中,并且在接下来的 T_i 连续迭代中保持在禁忌列表内,在本算法中,禁忌长度 T_i 被设置为物品的移动次数。因此,移动频率高(低)的物品将被禁止使用更长(更短)的时间。当附近没有可接受的移动($N_f(S) = \varnothing$)时,禁忌搜索程序自动停止。

在禁忌搜索过程中,在禁忌列表允许的解中选择一个最好的邻域解来替换当前的解。注意,如果一个邻域解比在禁忌搜索过程中发现的最佳解更好,那么即使该解被禁忌列表所禁忌,也会被选中,这就是禁忌搜索中的期望准则(aspiration rule)[170]。

4)核搜索过程

禁忌搜索过程能够在禁忌列表的帮助下搜索不同的局部最优解。尽管如此,一些具有更好解的区域依然可能会被忽略。因此,引入核搜索过程对特定搜索空间进行详尽地搜索。

核解的定义为:设 S 是一组可行解,k 是一个整数,Φ_i 是 i 物品在 S 解中出现的频率,那么核解(或简称核)S_k 是 k 个物品中出现频率最高的物品的集合,使得 $\Phi_i \geqslant \Phi_k$,且 S_k 的总重量不超过背包容量。

在 KBTS 算法中,采用频率计数器 Φ_i 来记录每个物品 i 在高质量解中出现的次数。正如算法 4-7 的第 9 行所述,在禁忌搜索过程中,每发现一个更好的解,所选物品 i 的频率计数器 Φ_i 就会被更新为 $\Phi_i + 1$。在禁忌程序结束时,分两步生成核 S_k(算法 4-7,第 12 行)。首先根据 Φ 的值将所有物品按降序排序。其次将最频繁出现的 $\varepsilon \times |S_l|$ 物品添加到 S_k 最频繁出现的物品中,其中,ε 是一个叫作核系数的参数,$|S_l|$ 是在禁忌搜索过程中发现的最佳解中被选中的物品的数量。最后,S_k 作为输入解 S,用于算法 4-9 所示的核搜索程序。

核搜索过程与禁忌搜索过程采用相同的如算法 4-8 所示的邻域搜索过程,并使用相同的禁忌列表管理和期望准则。然而,核搜索过程使用基于核的邻域 $N_k(S)$ 执行搜索,该邻域中参与交换的物品不包括核 S_k 对应的物品,即属于核 S_k 的物品在核搜索过程中保持固定,不参与任何交换操作。通过这种策略可以实现在核 S_k 附近的更加详尽的搜索。

算法 4-9 Kernel Search

1: **input**: Input kernel solution S_k, attained local optimum S_l, neighborhood N_k.

2: **output**: Best solution S_l during kernel search.

3: $S \leftarrow S_k$ / * Generate a new solution by S_k * /

4: Continue $\leftarrow$ True

5: **while** Continue **do**

```
6：     (Continue, S) ← Neighborhood_Search(S, Nk, Continue)
7：     if f(S)>f(S1) then
8：       S1← S        / * Update the best solution found during kernel search * /
9：     end if
10：end while
11：return S1
```

如果在基于核的邻域 $N_k(S)$ 中没有可接受的移动,则核搜索过程结束。此时,就认为已经充分检查了核解周围的区域,算法需要移到新的区域继续搜索,为此,采取一种直接扰动策略。

核搜索过程的灵感来自 Vasquez 和 Hao[171] 提出的工作,其中引入了核的概念来解决含有逻辑约束的背包问题。核搜索过程还与 backbone 的概念有关,该概念被成功应用于解决几个二元优化问题,如可满足性问题[173]和无约束二元二次规划问题[172]。这是该概念在 SUKP 中的首次应用。鉴于 SUKP 的特殊性质,其定义(和识别)核的方法与以前的研究相比是独特的。

5) 直接扰动过程

直接扰动过程旨在增强核搜索-禁忌搜索过程的扩散性,通过修改输入局部最优解 S_1 为下一轮的核搜索-禁忌搜索过程生成新的初始解。具体来说,直接扰动过程通过执行 δ 随机交换 $(q,p)(q\in\{0,1\},p\in\{0,1\}$,并排除 swap$(q,p)$ 与 $q=p=0$ 的可能性)操作来转换输入解,同时保证得到解的可行性,其中 δ 是一个称为直接扰动强度的参数。显然,较大的 δ 值会导致输入解发生显著的更改。

6) 非核搜索过程

当核搜索-禁忌搜索过程(算法 4-6,第 9～19 行)终止时,使用全局扩散策略使搜索转移到一个远处的新区域。具体而言,根据核解 $S_k=\{y_1,\cdots,y_m\}$ 来定义与其相反的解 $\bar{S}_k=\{x_1,\cdots,x_m\}$,其中 $x_i=1-y_i(i=1,\cdots,m)$;然后从 $\bar{S}_k$ 创建一个可行解 S,并将其作为非核搜索(NKS)过程的输入。为了得到可行的输入解 S,随机地从 $\bar{S}_k$ 中选取物品,并将其添加到 S 中,直到达到背包的容量约束。非核搜索过程遵循与核搜索过程和禁忌搜索过程相同的搜索策略,如算法 4-10 所示,但其被用于探索不同的邻域(N_k)。具体来说,在非核搜索过程中,交换操作被限制为不属于核 S_k 的物品,即 S_k 中的物品永远不会被选中成为邻域解的一部分。因此,非核搜索具有很强的扩散性。当邻域为空时,非核搜索过程停止,并使用找到的最佳解启动整个 KBTS 算法的下一次迭代。

算法 4-10 Non-Kernel Search

1：**input**：Input non-kernel solution $\bar{S}_k$, neighborhood $\bar{N}_k$.

2：**output**：Best solution S_c found during non-kernel search.

3：S ←Random($\bar{S}_k$)   / * Generate a feasible solution from $\bar{S}_k$ * /

4：S_c← S / * S_c records the best solution found during non-kernel search * /

5：Continue ← True

6：**while** Continue **do**

7： (Continue, S) $\leftarrow$ Neighborhood_Search$(S, \bar{N}_k, \text{Continue})$

8： **if** $f(S) > f(S_c)$ **then**

9： $S_c \leftarrow S$ /＊ Update the best solution found during non-kernel search ＊/

10： **end if**

11：**end while**

12：**return** S_c

7) 时间复杂度

首先考虑动态初始化过程,该过程可分为两个步骤:第一步计算动态性价比,其复杂度为 $O(m^2 n)$;第二步是寻找具有最高 r_k^* 值的未选择物品,其复杂度为 $O(m^2)$。其中,m 是物品的数量,n 是元素的数量。因此,动态初始化过程的时间复杂度为 $O(m^2 n)$。

对所提算法的主循环进行一次迭代。如算法 4-6 所示,禁忌搜索过程、核搜索过程和非核搜索过程均采用邻域搜索框架。对于目前解 $S = \langle A, \bar{A} \rangle$、核解 S_k 和非核解 $\bar{S}_k$,这 3 个过程的一轮邻域搜索的复杂度分别为 $O((m + |A| \times |\bar{A}|) \times n)$、$O([(m - |S_k|) + (|A| - |S_k|) \times |\bar{A}|] \times n)$ 和 $O([|\bar{S}_k| + |A| \times (|\bar{S}_k| - |A|)] \times n)$。直接扰动过程的复杂度为 $O(1)$。设 R_{max} 为禁忌搜索过程、核搜索过程和非核搜索过程调用的邻域搜索的最大总轮数,即 KBTS 算法的一个循环的时间复杂度为 $O(m^2 n \times R_{max})$。设 I_{max} 为 KBTS 算法的最大迭代次数(由截止时间 t_{max} 决定),则 KBTS 算法的总体时间复杂度为 $O(m^2 n \times R_{max} \times I_{max})$。

3. 讨论

KBTS 算法的创新性可以从其搜索组件的主要特征中看出。第一,初始化过程依赖于本节提出的动态性价比,该策略利用了 SUKP 的特殊性质,即无论所选物品的元素在当前解的所选物品中出现了多少次,都可以重复使用它们,因此,与 Wei 和 Hao[26] 使用的静态性价比相比,动态性价比是一个细化的标准,有利于创建高质量的初始解。第二,不同于 SUKP 的其他禁忌搜索方法[26, 160],KBTS 算法采用无参数的自动禁忌列表策略,而以往的算法需要一些参数来控制禁忌列表和禁忌搜索的终止;此外,KBTS 算法采用了一个期望准则,以确保遇到的更好解不会被忽略,而之前的研究中没有使用期望准则[26, 160]。第三,尽管核搜索思想已经在文献中有所提及,但本算法首次应用这个概念求解 SUKP,并提出了一种新的识别和利用核的方法,即从一组高质量解中提取出现次数最多的物品,从而根据它们形成核解 S_k;此外,还使用了一个参数(核系数)来灵活地将 S_k 的大小控制在适当的范围内,这使得核搜索过程能够集中检查由核划分的给定搜索区域。第四,非核搜索过程依赖于核 S_k 的相反解 $\bar{S}_k$,这是一种独创的算法扩散策略,可以引导算法探索不同的搜索空间。因此,配备了以上创新特性的 KBTS 算法能够非常有力地与目前文献中最好的 SUKP 算法竞争。

4.3.2 实验结果与比较

本节基于两组(60 个)基准测试算例,对 KBTS 算法进行广泛评估,并与最先进的

SUKP 算法进行比较。

1. 算例

集合Ⅰ(30 个算例):该组算例由 He 等人[157]介绍,详见 4.2.2 节。这些算例在文献中被广泛测试[26,157-160,163,178-182]。

集合Ⅱ(30 个算例):这组新设计的算例与集合Ⅰ具有相同的特征,但其规模更大,各算例包含 585~1 000 个物品和元素。根据参考文献[157],这些算例的利润和权重值在[1,500]中随机生成。

2. 实验设置和参考算法

计算平台:KBTS 算法由 C++编写,并用带有-O3 选项的 g++编译器编译。为了保证比较的公平,本节提到的所有实验都是在 Linux 操作系统下的 Intel Xeon E5-2670 处理器(2.5 GHz CPU 和 2 GB RAM)上执行的。

参数设置:KBTS 算法使用三个参数,具体如表 4-9 所示。求解 60 个算例所用的参数及值均如表中所述,无需进行微调。

表 4-9 KBTS 算法参数设置

参数	描述	值
γ_{max}	局部探索深度	3
ε	核系数	0.6
δ	直接扰动强度	3

参考算法:采用三种最新的算法,即混合 Jaya 算法(DHJaya)[182]、混合二元粒子群禁忌搜索优化算法(HBPSO/TS)[160]和迭代两阶段局部搜索算法(I2PLS)[26];此外,还使用第一个二元人工蜂群算法(BABC)[157]作为基础参考。为了进行公平比较,实验中在相同的终止条件和平台上运行这些参考算法和 KBTS 算法的源代码。

终止条件:参照参考文献[26],运行 KBTS 算法和每个参考算法,以 500 s 的截止时间求解集合Ⅰ的 30 个算例。对于集合Ⅱ的 30 个新的大算例,截止时间设置为 1 000 s。考虑到比较算法的随机性,将每种算法用不同的随机种子独立解决了 100 次。

3. 计算结果与比较

表 4-10 和表 4-11 给出了 KBTS 算法与参考算法在两组基准算例上获得的计算结果。第 1 列表示被测算例的名称,带星号(*)的算例在参考文献[26]中被 CPLEX 证明可获得最优解。其余列表示每种算法的最佳目标值(f_{best})、100 次运行的平均目标值(f_{max})、100 次运行的标准差(std)和平均运行时间(达到 f_{best} 的平均运行时间,用 $t_{avg}(s)$ 表示)。表 4-10 和表 4-11 的最后一行"♯Avg"表示每列的平均值。

从表 4-10 可以观察到,在集合Ⅰ算例的结果中,KBTS 算法在 f_{best}、f_{avg} 和 std 等指标上与参考算法相比具有很强的竞争力,即 KBTS 算法具有较好的平均性能和非常小的标准差,表明它具有较高的稳健性。如表 4-11 所示,从对集合Ⅱ的 30 个大型算例的结果发现,KBTS 算法的高性能更加明显。事实上,KBTS 算法在所有性能指标上都优于本节的参考算法。因此,KBTS 算法计算时间短,标准差小,计算效率高,稳健性好。

表 4-10 KBTS 算法与参考算法对集合Ⅰ的计算结果

Instance	BABC				DHJaya				HBPSO/TS				I2PLS(Best_Known)				KBTS			
	f_{best}	f_{avg}	std	t_{avg}/s	f_{best}	f_{avg}	std	t_{avg}/s	f_{best}	f_{avg}	std	t_{avg}/s	f_{best}	f_{avg}	std	t_{avg}/s	f_{best}	f_{avg}	std	t_{avg}/s
100_85_0.10_0.75*	13 283	13 283	0	51.102	13 283	13 283	0	9.477	13 283	13 283	0	0.098	13 283	13 283	0	3.094	13 283	13 283	0	4.082
100_85_0.15_0.85*	12 479	12 479	0	24.032	12 479	12 479	0	24.414	12 479	12 403.15	98.97	101.122	12 479	12 335.13	98.78	103.757	12 479	12 479	0	42.992
200_185_0.10_0.75	13 402	13 260.16	38.98	253.693	13 521	13 498.22	26.1	258.213	13 521	13 521	0	0.49	13 521	13 521	0	71.984	13 521	13 521	0	6.988
200_185_0.15_0.85	14 215	14 026.18	151.55	241.932	14 215	**14 215**	0	83.129	14 215	14 177.38	70.84	72.041	14 215	14 031.28	131.46	180.809	14 215	14 209.87	29.17	107.407
300_285_0.10_0.75	10 572	10 466.45	61.94	315.24	11 385	11 167.77	129.98	174.335	11 563	11 563	0	38.355	11 563	11 562.02	3.94	181.248	11 563	11 563	0	28.841
300_285_0.15_0.85	12 245	12 019.28	85.76	226.818	12 402	12 248.42	22.12	316.767	12 607	**12 607**	0	24.967	12 607	12 364.55	83.03	240.333	12 607	12 536.02	87.51	235.45
400_385_0.10_0.75	11021	10 608.91	138.07	293.56	11 484	11 325.88	38.65	229.37	11 484	11 484	0	10.87	11 484	11 484	0	31.801	11 484	11 484	0	0.296
400_385_0.15_0.85	9 649	9 503.65	94.69	270.813	10 710	10 293.96	173.85	241.068	11 209	11 209	0	16.478	11 209	11 157.26	87.29	141.525	11 209	11 209	0	72.02
500_485_0.10_0.75	10 927	10 628.31	70.31	486.21	11 722	11 675.51	55.53	226.604	11 771	11 746.19	57.98	293.514	11 771	11 729.76	6.59	349.545	11 771	**11 755.47**	19.74	206.199
500_485_0.15_0.85	9 306	9 014.01	64.06	482.74	10 194	9 703.56	114.852	383.021	10 194	10 163.76	82.11	92.121	10 238	10 133.94	94.72	369.375	10 238	**10 202.9**	16.25	293.14
100_100_0.10_0.75*	14 044	14 040.87	11.51	169.848	14 044	14 044	0	1.374	14 044	14 044	0	0.518	14 044	14 044	0	38.245	14 044	14 044	0	0.023
100_100_0.15_0.85*	13 508	13 508	0	6.795	13 508	13 508	0	1.572	13 508	13 508	0	2.923	13 508	13 451.5	126.49	70.587	13 508	13 508	0	33.403
200_200_0.10_0.75	12 350	11 953.11	97.57	183.13	12 522	12 480.62	65.05	207.667	12 522	12 522	0	0.8125	12 522	12 522	0	54.78	12 522	12 522	0	48.206
200_200_0.15_0.85	11 929	11 695.21	78.33	147.93	12 317	12 217.81	93.361	229.824	12 317	12 317	0	0.95	12 317	12 280.07	57.77	238.348	12 317	12 317	0	72.495
300_300_0.10_0.75	12 304	12 202.8	67.81	202.515	12 736	12 676.78	35.2	241.774	12 817	12 806.44	15.39	29.074	12 817	12 817	0	66.403	12 817	12 817	0	74.247

续 表

Instance	BABC				DHJaya				HBPSO/TS				I2PLS(Best_Known)				KBTS			
	f_{best}	f_{avg}	std	t_{avg}/s	f_{best}	f_{avg}	std	t_{avg}/s	f_{best}	f_{avg}	std	t_{avg}/s	f_{best}	f_{avg}	std	t_{avg}/s	f_{best}	f_{avg}	std	t_{avg}/s
300_300_0.15_0.85	10 857	10 383.64	75.79	113.38	11 425	11 260.25	103.95	152.329	11 585	**11 585**	0	5.985	11 585	11 512.18	73.15	220.1	11 585	11 584.17	8.26	141.464
400_400_0.10_0.75	10 869	10 591.65	105.83	298.97	11 569	11 301.56	74.88	322.143	11 665	11 484.2	72.95	45.025	11 665	11 665	0	18.733	11 665	11 665	0	64.126
400_400_0.15_0.85	10 048	9 602.13	142.77	386.555	10 927	10 721.45	221.38	77.037	11 325	11 325	0	5.902	11 325	11 325	0	76	11 325	11 325	0	17.591
500_500_0.10_0.75	10 755	10 522.56	70.17	194.49	10 943	10 871.22	39.93	41.383	11 109	11 026.24	51.62	340.958	11 249	11 243.4	27.43	134.186	11 249	**11 248.96**	0.4	146.04
500_500_0.15_0.85	9 601	9 334.52	40.59	135.13	10 214	10 069.33	103.33	101.926	10 381	10 213.25	71.3	220.328	10 381	10 293.89	85.53	237.894	10 381	**10 362.63**	52.25	156.331
85_100_0.10_0.75*	12 045	11 995.12	53.15	206.57	12 045	12 045	0	17.199	12 045	12 045	0	0.056	12 045	12 045	0	2.798	12 045	12 045	0	0.075
85_100_0.15_0.85*	12 369	12 369	0	0.531	12 369	12 369	0	0.342	12 369	12 369	0	0.088	12 369	12 315.53	62.6	17.47	12 369	12 369	0	10.175
185_200_0.10_0.75	13 647	13 179.14	100.78	202.56	13 696	13 667.63	26.56	244.205	13 696	13 696	0	0.489	13 696	13 695.6	3.68	124.136	13 696	13 696	0	5.851
185_200_0.15_0.85	10 926	10 749.46	97.24	259.05	11 298	11 298	0	38.439	11 298	11 298	0	0.486	11 298	11 276.17	83.78	139.865	11 298	11 298	0	6.373
285_300_0.10_0.75	11 374	11 143.69	76.9	426.68	11 568	11 563.8	10.41	203.874	11 568	11 568	0	13.63	11 568	11 568	0	25.128	11 568	11 568	0	30.618
285_300_0.15_0.85	10 822	10 396.6	128.63	192.575	11 714	11 436.93	101.85	463.466	11 802	**11 802**	0	2.135	11 802	11 790.43	27.51	206.422	11 802	11 799.27	9.95	168.904
385_400_0.10_0.75	10110	9 926.18	87.43	203.87	10 483	10 287.36	80.61	53.459	10 600	10 552.73	74.68	100.155	10 600	10 536.53	56.08	234.475	**10 600**	**10 600**	0	73.087
385_400_0.15_0.85	9 659	9 444.34	46.4	177.91	10 302	10 184.09	138	230.077	10 506	10 472.4	67.2	168.87	10 506	10 502.64	23.52	129.505	**10 506**	**10 506**	0	58.24
485_500_0.10_0.75	10 835	10 789.57	27.29	299.26	11 036	10 883.19	48.58	66.029	11 321	11 142.27	62.51	223.387	11 321	11 306.47	36	207.118	11 321	**11 318.81**	10.95	121.494
485_500_0.15_0.85	9 380	9 258.82	58.72	49.17	10 104	9 665.7	142.57	49.438	10 220	10 208.96	3.26	143.999	10 220	10 179.45	46.97	238.63	10 220	**10 219.76**	1.68	118.564
# Avg	11 484.37	11 279.18	69.08	216.769	11 873.83	11 748.07	61.56	156.332	11 967.47	11 938.1	24.29	65.194	11 973.6	11 932.39	40.54	138.476	11 973.6	**11 968.56**	7.87	78.16

表 4-11　KBTS算法与参考算法对集合Ⅱ的计算结果

Instance	BABC				DHJaya				HBPSO/TS				I2PLS				KBTS			
	f_{best}	f_{avg}	std	t_{avg}/s	f_{best}	f_{avg}	std	t_{avg}/s	f_{best}	f_{avg}	std	t_{avg}/s	f_{best}	f_{avg}	std	t_{avg}/s	f_{best}	f_{avg}	std	t_{avg}/s
600_585_0.10_0.75	9 098	9 026.05	34.87	498.591	9 640	9 449.97	60.22	690.489	9 741	9 724.6	7.68	576.26	9 750	9 734.74	13.39	479.356	9 914	9 914	0	209.679
600_585_0.15_0.85	8 736	8 540.46	20.51	172.475	9 187	8 998.45	79.17	881.295	9 357	9 174.16	143.19	413.157	9 357	9 324.62	16.67	457.807	9 357	9 354.52	9.18	263.684
700_685_0.10_0.75	9 311	9 176.28	46.93	363.381	9 790	9 602	55.96	543.236	9 881	9 792.23	51.06	881.999	9 881	9 819.24	38.74	363.945	9 881	9 844.96	11.88	455.713
700_685_0.15_0.85	8 671	8 397.36	87.65	302.624	9 106	8 894.09	140.48	426.088	9 135	8 940.65	109.78	689.759	9 163	9 135.27	4.9	671.132	9 163	9 138.36	9.1	524.799
800_785_0.10_0.75	9 275	9 192.36	20.27	253.268	9 771	9 540.08	47.95	637.331	9 837	9 736.89	46.11	777.755	9 822	9 678.89	80.67	719.986	9 837	9 808.86	20.42	483.384
800_785_0.15_0.85	8 447	8 366.5	71.97	254.293	8 797	8 649	63.01	236.798	8 907	8 872.84	84.36	418.033	8 907	8 780.32	43.34	674.231	9 024	8 955.29	49.07	474.643
900_885_0.10_0.75	8 953	8 837.18	103.15	471.428	9 455	9 249.53	109.14	687.15	9 611	9 560.93	89.43	514.922	9 611	9 537.61	61.42	511.245	9 725	9 616.7	24.85	609.811
900_885_0.15_0.85	8 072	7881.17	88.49	228.388	8 418	8 244.47	87.93	316.604	8 481	8 208.22	108.56	332.102	8 481	8 426.36	44.76	541.67	8 620	8 526.55	48.37	274.653
1000_985_0.10_0.75	9 276	9 254.19	27.89	640.529	9 424	9 306.86	45.01	309.873	9 668	9 278.5	125.8	620.436	9 580	9 221.23	103.18	329.743	9 668	9 496.63	74.35	487.925
1000_985_0.15_0.85	8 133	8 099.1	25.37	648.215	8 433	8 280.52	90.87	312.589	8 448	8 129.08	92.71	564.848	8 448	8 268.18	135.55	541.606	8 453	8 448.05	0.5	941.565
600_600_0.10_0.75	10 207	9 939.38	47.52	66.66	10 507	10 504.25	19.67	321.196	10 518	10 517.89	1.09	60.254	10 524	10 520.7	2.99	513.537	10 524	10 521.72	2.91	404.697
600_600_0.15_0.85	8 621	8 361.77	101.3	455.481	8 910	8 785.64	43.46	571.965	9 024	8 902.33	27.27	214.261	9 062	9 022.97	46.28	456.386	9 062	9 061.16	4.78	255.342
700_700_0.10_0.75	9 078	9 056.52	21.89	224.37	9 512	9 409.01	28.7	809.836	9 786	9 679.56	72.51	215.91	9 786	9 742.73	40.87	383.7	9 786	9 786	0	97.316
700_700_0.15_0.85	8 614	8 290.22	77.62	126.818	9 121	8 985.51	65.9	507.656	9 177	9 003.15	138.46	659.194	9 229	9 155.79	18.61	445.194	9 229	9 187.55	20.7	486.304
800_800_0.10_0.75	9 517	9 305.4	56.76	418.476	9 890	9 656.38	51.42	567.09	9 932	9 823.17	113.2	607.506	9 932	9 685.79	72.06	868.227	9 932	9 930.56	14.33	214.286

续表

Instance	BABC				DHJaya				HBPSO/TS				I2PLS				KBTS			
	f_{best}	f_{avg}	std	t_{avg}/s	f_{best}	f_{avg}	std	t_{avg}/s	f_{best}	f_{avg}	std	t_{avg}/s	f_{best}	f_{avg}	std	t_{avg}/s	f_{best}	f_{avg}	std	t_{avg}/s
800_800_0.15_0.85	8 444	8 163.77	132.71	376.695	8 961	8 774.18	59.78	161.688	8 907	8 732.94	160.07	590.883	8 961	8 909.50	10.91	27.17	9 101	8 936.12	39.55	321.859
900_900_0.10_0.75	9 290	9 272.99	14.56	460.026	9 526	9 462.86	37.83	670.99	9 745	9 639.6	51.13	598.52	9 745	9 660.12	36.68	341.11	9 745	9 729.51	30.06	368.807
900_900_0.15_0.85	8 118	8 114.48	9.2	150.984	8 718	8 492.88	62.31	702.655	8 916	8 617.2	210.54	665.798	8 916	8 916	0	116.694	8 990	8 918.96	14.5	672.574
1000_1000_0.10_0.75	9 030	8 891.34	39.01	657.972	9 348	9 250.8	53.65	542.187	9 509	9 273.64	82.57	802.652	9 544	9 255.73	142.33	876.669	9 544	9 431.47	60.84	510.66
1000_1000_0.15_0.85	7 867	7 627.8	44.88	635.003	8 330	8 037.92	71.87	932.614	8 134	7 872.84	95.76	97.909	8 379	8 206.49	68.52	632.334	8 474	8 376.2	27.12	500.435
585_600_0.10_0.75	9768	9677.8	81.9	535.874	10 300	10 161.45	72.81	98.186	10 393	10 191.01	102.35	729.422	10 393	10 366.15	29.83	499.311	10 393	10 393	0	89.785
585_600_0.15_0.85	8 689	8 623.79	28.52	461.85	9 031	8 944.22	61.72	616.631	9 256	9 256	0	103.637	9 256	9 256	0	264.876	9 256	9 256	0	84.359
685_700_0.10_0.75	9 796	9 627.4	73.18	248.733	10 070	9 953.55	49.02	430.18	10 121	9 909	30.82	123.012	10 121	9 979.7	86.13	540.289	10 121	10 114.96	31.87	230.918
685_700_0.15_0.85	8 453	8 424.87	4.83	9 58.748	9 102	8 860.79	106.42	159.976	9 176	8 936.47	135.64	645.153	9176	9 139.18	52.8	461.051	9 176	9 176	0	140.151
785_800_0.10_0.75	8 765	8 658.45	54.33	869.031	9 123	8 885.09	54.14	316.494	9 384	9 163.9	70.91	339.415	9 384	9 236.1	95.56	576.738	9 384	9 256	0	136.173
785_800_0.15_0.85	8 249	8 021.86	117.07	577.037	8 556	8 482.33	51.45	604.625	8 572	8 322.17	57.53	665.514	8 663	8 558.51	79.51	586.047	8 746	8 643.93	47.92	467.334
885_900_0.10_0.75	8 938	8 897.58	30.23	587.2	9 137	9 079.09	46.7	590.376	9 232	9 121.24	48.92	455.104	9 232	9 106.31	62.28	452.36	9 318	9 236.16	21.32	281.632
885_900_0.15_0.85	7610	7 518.04	50.51	869.729	8 217	7 881.44	65.84	140.935	8 277	7 900.57	131.65	296.061	8 425	8 268	104.34	484.859	8 425	8 311.68	46.8	625.829
985_1000_0.10_0.75	8 914	8 741.25	101.76	739.861	9 067	8 994.48	44.99	313.094	9 113	8 938.38	66.64	967.315	9 047	8 917.48	126.37	89.76	9 193	9 105.84	74.76	319.356
985_1000_0.15_0.85	8 071	8 066.53	15.17	486.522	8 453	8 425.27	48.74	503.976	8 172	7 958.24	121.56	350.64	8 528	8 233.05	119.98	283.901	8 528	8 488.13	33.47	450.711
# Avg	8 800.37	8 668.4	54.33	458.009	9 196.67	9 041.4	62.54	482.096	9 280.33	9 105.91	85.91	499.248	9 310.1	9 202.09	57.96	473.031	9 352.3	9 303.1	23.95	379.479

图 4-5 显示了五种算法在两组算例上的最佳目标值、平均目标值和标准差的结果对比。每个子图中的横轴表示每个集合的 30 个算例,纵轴表示各算法的 f_{best}、f_{avg} 和 std 值。图 4-5 清楚地表明了 KBTS 算法相对于各参考算法的优势,尤其是它在大规模算例上的明显优势。

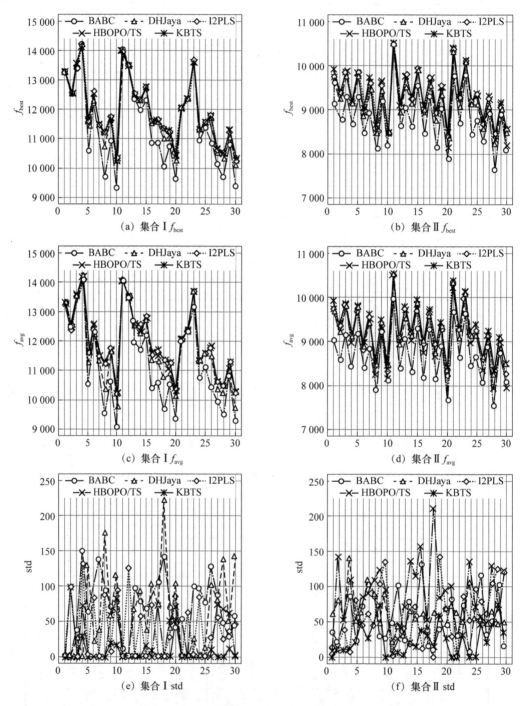

图 4-5　KBTS算法与各参考算法在集合 I 和集合 II 上的计算结果对比

表 4-12 显示了 KBTS 算法与各参考算法对两组基准算例的 Wilcoxon 符号秩检验的汇总比较。表 4-12 主要关注 f_{best} 和 f_{avg}，显示了 KBTS 算法与每种参考算法相比获得更好、相等或更差结果（♯Wins、♯Ties 和 ♯Losses）的算例数量。为了验证 KBTS 算法与参考算法比较的统计显著性，最后一列显示了来自非参数 Wilcoxon 符号秩检验的 p-value，如果 p-value 小于 0.05，则表示 KBTS 算法与参考算法的比较结果存在显著差异，而"NA"则表示两组比较结果完全相同。这个总结的比较清楚地证实了 KBTS 算法的高性能。实际上，对于大多数测试算例，KBTS 算法总是在 f_{best} 和 f_{avg} 方面报告更好或相同的结果，而任何参考算法都无法达到这样的性能。

表 4-12　KBTS 算法与各参考算法对两组基准算例的 Wilcoxon 符号秩检验的汇总比较

Algorithm pair	Instance set	Indicator	♯ Wins	♯ Ties	♯ Losses	p-value
KBTS vs. BABC	Set Ⅰ(30)	f_{best}	23	7	0	2.70e−5
		f_{avg}	26	4	0	8.30e−6
	Set Ⅱ(30)	f_{best}	30	0	0	1.73e−6
		f_{avg}	30	0	0	1.73e−6
KBTS vs. DHJaya	Set Ⅰ(30)	f_{best}	16	14	0	4.38e−4
		f_{avg}	22	7	1	3.53e−5
	Set Ⅱ(30)	f_{best}	30	0	0	1.73e−6
		f_{avg}	30	0	0	1.73e−6
KBTS vs. HBPSO/TS	Set Ⅰ(30)	f_{best}	2	28	0	1.80e−1
		f_{avg}	12	15	3	7.60e−3
	Set Ⅱ(30)	f_{best}	18	12	0	8.85e−5
		f_{avg}	29	1	0	2.56e−6
KBTS vs. I2PLS	Set Ⅰ(30)	f_{best}	0	30	0	NA
		f_{avg}	20	10	0	1.51e−3
	Set Ⅱ(30)	f_{best}	13	17	0	1.32e−4
		f_{avg}	29	1	0	2.56e−6

4.3.3　分析与总结

1. 分析参数

KBTS 算法需要三个参数：核系数 ε、局部探索深度 γ_{max} 和直接扰动强度 δ。首先进行因子实验[183]（factorial experiment）以深入了解参数对算法性能的影响，然后进行灵敏度分析[184]（One-at-a-time Sensitivity Analysis）以校准参数。从集合 Ⅱ 中选择 8 个具有代表性的算例：785_800_0.15_0.85、800_785_0.15_0.85、800_800_0.15_0.85、885_900_0.15_0.85、900_885_0.15_0.85、985_1000_0.10_0.75、1000_985_0.10_0.75 和 1000_1000_0.10_0.75。这些例子很困难，因为不同算法在这些算例上都有很大的标准差，如表 4-11 所示。

本节算法采用 2-level full factorial experiment 来观察参数之间的交互效应。三个参数的水平如表 4-13 所示。在这个实验中，首先用每个算例在不同的参数组合下独立求解 20 次，然后考虑每个参数组合在 8 个算例上得到的最佳目标值（f_{best}）的平均值。图 4-6 中显示了 3 个参数对 KBTS 算法性能的影响，表 4-14 中显示了显著性水平为 0.05 时 p-value 的方差分析。

表 4-13　2-level full factorial experiment 的参数水平

参数	低水平	高水平
核系数 ε	0.3	0.6
局部搜索深度 γ_{max}	3	6
直接扰动强度 δ	3	6

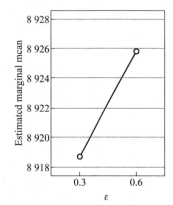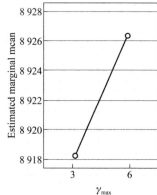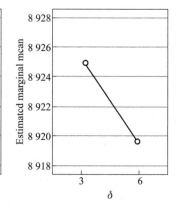

图 4-6　3 个参数对 KBTS 算法性能的影响

表 4-14　显著性水平为 0.05 时 p-value 的方差分析

Source of variation	ε	γ_{max}	δ	$\varepsilon \times \gamma_{max}$	$\varepsilon \times \delta$	$\gamma_{max} \times \delta$	$\varepsilon \times \gamma_{max} \times \delta$
p-value	3.70e−02	1.80e−02	1.25e−01	3.90e−01	1.47e−01	1.92e−01	8.41e−01

从图 4-6 可以看出，参数核系数和局部搜索深度的影响是正的，而直接扰动强度的影响是负的。表 4-14 中第 2～3 列的 p-value（<0.05）表明，算法的性能对核系数和局部搜索深度的设置很敏感。此外，检查各参数之间的相互作用效果也很有意义。由表 4-14 可以看出，后四列的 p-value 均大于 0.05，说明各参数之间的交互效应不具有统计学意义。

接着，进行灵敏度分析，以确定每个参数的合适值。根据一个合理的参数值范围，即 $\varepsilon \in \{0.1, 0.2, \cdots, 1\}$，$\gamma_{max} \in \{1, 2, \cdots, 10\}$ 和 $\delta \in \{1, 2, \cdots, 10\}$，分别测试每个参数的值，同时将其他参数固定为表 4-9 中的值。为此，将每个参数设置的算法运行 30 次，以求解每个算例。图 4-7 所示为 One-at-a-time sensitivity analysis 得到的不同参数设置对应的 f_{best} 平均值。其中，横轴表示 3 个参数的取值，即 γ_{max} 和 δ 为 1～10，ε 为 0.1～1。从图 4-7 中可以观察到，KBTS 算法在 $\varepsilon = 0.6$，$\gamma_{max} = 3$ 和 $\delta = 3$ 时达到了最佳性能，因此这些值被用来确定表 4-9 所示的默认参数设置。

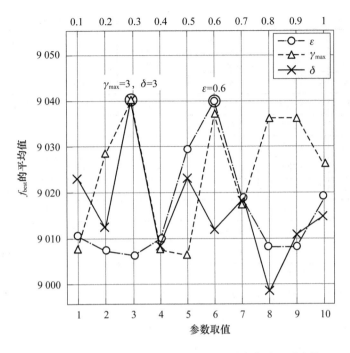

图 4-7　One-at-a-time sensitivity analysis 得到的不同参数设置对应的 f_{best} 平均值

2. 核搜索和非核搜索的影响

本节提出的 KBTS 算法依赖于核的概念以及相关的核搜索过程和非核搜索过程。为评估这些组件的有效性而创建 KBTS 算法的变种（用 KBTS⁻算法表示），即禁用核搜索程序（删除算法 4-6 中的第 11 行），用随机策略替代非核搜索程序（算法 4-6 中第 23 行的可行解 S）。根据 4.4.2 节给出的实验配置，运行 KBTS 算法和 KBTS⁻算法 30 次，以求解集合 Ⅱ 的每个算例，结果如表 4-15 所示，其中显示了 f_{best}、f_{avg} 和 std 值。表 4-15 中的行"♯Avg"表示每一列的平均值，行"♯Best"表示其中一个算法在集合 Ⅱ 算例上取得最佳结果的算例数量。

表 4-15　KBTS 算法（含核组件）和 KBTS⁻算法（不含核组件）在集合 Ⅱ 算例上的比较

Instance	KBTS			KBTS⁻		
	f_{best}	f_{avg}	std	f_{best}	f_{avg}	std
600_585_0.10_0.75	9 914	9 914	0	9 914	9 800.70	77.56
600_585_0.15_0.85	9 357	9 353.47	11.29	9 357	9 356.40	3.23
700_685_0.10_0.75	9 881	9 845	12	9 881	9 851 47	17 36
700_685_0.15_0.85	9 163	9 137.80	8.40	9 163	9 138.73	9.52
800_785_0.10_0.75	9 837	9 810.80	16.56	9 829	9 806.57	17.10
800_785_0.15_0.85	9 024	8 944	43.36	9 024	8 935.07	45.08
900_885_0.10_0.75	9 725	9 614.80	20.46	9 725	9 614.80	20.46
900_885_0.15_0.85	8 620	8 534.57	54.15	8 588	8 541.73	54.39
1000_985_0.10_0.75	9 668	9 512.13	74.70	9 668	9 477.40	56.68

Instance	KBTS			KBTS⁻		
	f_{best}	f_{avg}	std	f_{best}	f_{avg}	std
1000_985_0.15_0.85	8 448	8 448	0	8 448	8 448	0
600_600_0.10_0.75	10 524	10 521.60	2.94	10 524	10 521.60	2.94
600_600_0.15_0.75	9 062	9 061.07	5.03	9 062	9 060.73	6.82
700_700_0.10_0.75	9 786	9 786	0	9 786	9 786	0
700_700_0.15_0.85	9 229	9 185.60	19.51	9 177	9 177	0
800_800_0.10_0.75	9 932	9 932	0	9 932	9 932	0
800_800_0.15_0.85	9 101	8 935.83	40.92	9 101	8 928 77	39.09
900_900_0.10_0.75	9 745	9 731.40	29.25	9 745	9 741.03	16.24
900_900_0.15_0.85	8 990	8 920.93	18.46	8 916	8 916	0
1000_1000_0.10_0.75	9 544	9 424	55.68	9 544	9 424 37	51.06
1000_1000_0.15_0.85	8 474	8 379.33	24.19	8 438	8 374.33	20.79
585_600_0.10_0.75	10 393	10 393	0	10 393	10 393	0
585_600_0.15_0.85	9 256	9 256	0	9 256	9 256	0
685_700_0.10_0.75	10 121	10 112.80	35.87	10 121	10 121	0
685_700_0.15_0.85	9 176	9 176	0	9 176	9 176	0
785_800_0.10_0.75	9 384	9 384	0	9 384	9 384	0
785_800_0.15_0.85	8 746	8 650.43	48.04	8 663	8 645.60	27.77
885_900_0.10_0.75	9 318	9 239.47	26.88	9 318	9 233.57	17.29
885_900_0.15_0.85	8 425	8 312.43	47.17	8 425	8 319.97	46.16
985_1000_0.10_0.75	9 193	9 086.07	77.58	9 186	9 083.90	69.38
985_1000_0.15_0.85	8 528	8 497.93	33.15	8 528	8 484.83	36.00
♯Avg	**9 352.13**	**9 303.35**	23.52	9 342.40	9 297.69	21.16
♯Best	**30**	**22**	—	23	17	—
p-value	—	—	—	1.80e−2	2.31e−1	—

　　结果表明,与 KBTS 算法相比,KBTS⁻算法在 7 个算例中获得更差的 f_{best} 值,在 5 个算例中获得更差的 f_{avg} 值,导致这些性能指标的"♯Avg"值更差。表 4-15 还表明,对于最困难的算例(包含 785～1 000 个物品和元素),KBTS⁻算法的性能会比 KBTS 算法差,这表明核搜索过程对于解决困难的算例特别有用。此外,f_{best} 的 Wilcoxon 符号秩检验(p-value＜0.05)表明,KBTS 算法和 KBTS⁻算法之间的性能差异具有统计学意义。

3. 高质量解的分布和核搜索的基本原理

　　这里研究高质量解中的物品分布情况,研究对象为四个代表性算例:500_485_0.15_0.85,500_500_0.15_0.85,1000_1000_0.10_0.75,1000_1000_0.15_0.85。对每个算例运行 KBTS 算法 30 次以获得 30 个高质量解,然后在这些解中进行所选物品出现频率的统计,结果如图 4-8 所示,横轴表示所选物品的数量,纵轴表示一个物品出现的频率。此外,在纵轴的右侧列出了与每个频率相对应的物品数量,这一栏的底部数值对应的是频率为 0 的物品数。由于这个底部数值比 $\{1,\cdots,30\}$ 内频率对应的其他值大得多,因此为了便于观察不画其对应的图。

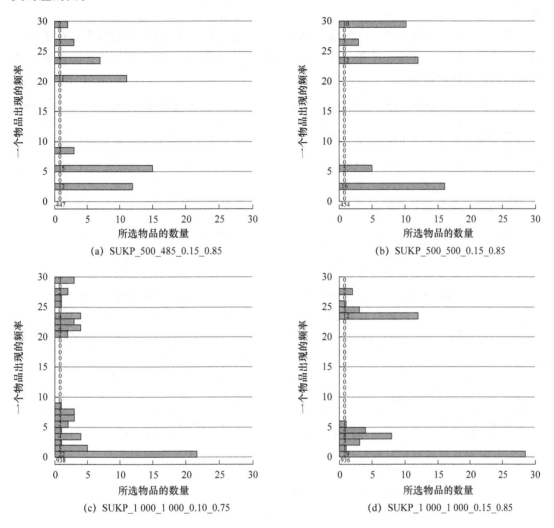

图 4-8　不同物品出现频率对应的高质量解分布

从图 4-8 中可以观察到,在一个解中,大多数物品被选择的频率是两极分化的,也就是说,这些物品要么被选择多次,要么很少被选择。需要注意的是,这 4 个算例中几乎 90% 的物品一直不属于高质量的解。因此,这个实验表明,高质量的解通常包含几个相同的物品(它们形成一个核),这为 KBTS 算法核搜索策略的有用性提供了支持性论证。

4. 时间-目标分析(Time-To-Target Analysis,TTT)

为了进一步评估 KBTS 算法相对于参考算法(BABC、DHJaya、HBPSO/TS、I2PLS)的计算效率,本节进行 TTT 分析[185,186]。TTT 表示一个算法达到一个给定目标值所需的计算时间。本节分析基于集合 II 中的四个代表性算例,即 585_600_0.10_0.75、600_600_0.15_0.85、800_785_0.15_0.85、1000_985_0.10_0.75。对于每个算例,将目标值设置为一个所有参考算法都能达到的值(分别为 10 000、8 800、8 700 和 9 000),并记录每个算法在 100 次运行内达到给定目标值所用的平均时间。图 4-9 显示了不同算法在 4 个 SUKP 算例上的时间-目标分析结果图,其中实现目标值所需的时间和相应的累积概率分别显示在横轴和纵轴上。

在图 4-9 中可以观察到 KBTS 算法具有非常高的计算效率,且其累积概率超过了所有的参考算法。KBTS 算法的线条严格落在参考算法的线条之上,这表明该算法总是有更高的概率达到给定的目标值。

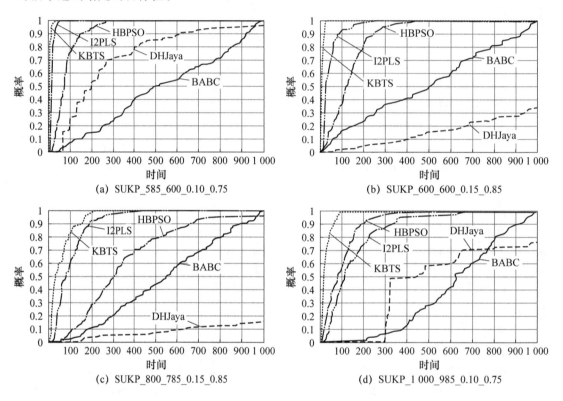

(a) SUKP_585_600_0.10_0.75

(b) SUKP_600_600_0.15_0.85

(c) SUKP_800_785_0.15_0.85

(d) SUKP_1 000_985_0.10_0.75

图 4-9   不同算法在 4 个 SUKP 算例上的时间-目标分析结果图

5. 总结

本节提出了基于核的禁忌搜索算法,用于求解 NP 困难的集合联盟背包问题,首次将核搜索的思想与禁忌搜索策略相结合。通过在两组(60 个)基准算例上进行测试,证明了本节提出的 KBTS 算法在求解质量、稳健性和计算时间方面优于其他文献中最好的 SUKP 算法,且这种优势在具有至少 500 个物品和元素的大规模算例中尤其明显。与其他 SUKP 算法相比,KBTS 算法只需要 3 个参数,更适合于实际应用,为解决这些实际问题提供了一个有价值的工具。

下一步的方向:第一,研究获得核解的其他方法,如使用频繁模式挖掘技术;第二,SUKP 是一个有约束的问题,研究混合搜索策略,探索可行和不可行的解将是有意义的;第三,基于解的禁忌搜索在其他背包问题上表现出了良好的性能[167],该方法的研究为更好地解决 SUKP 问题提供了一个有前途的方向。本节提出的 KBTS 算法或其变种 KBTS⁻ 算法也可以被嵌入到群体搜索算法中,以获得更强大的算法。

4.4 多起点基于解的禁忌搜索算法

多起点基于解的禁忌搜索算法（Multistart Solution-Based Tabu Search，MSBTS）集成了基于解的禁忌搜索方法和多次重启机制，以确保对候选解的有效和高效的检查。在禁忌搜索过程中，每个被访问过的解都会被记录在一个禁忌列表中，该禁忌列表通过基于哈希函数的方法实现，这样就可以在较短时间内确定候选解的禁忌状态。采用多次重启机制来避免陷入局部最优陷阱。该算法设计简单，免去了烦琐的确定参数工作，并改进了 7 个大规模 SUKP 算例的已知最好解。

4.4.1 算法框架与具体内容

给定由 m 个物品、n 个元素和背包容量 C 组成的 SUKP 算例，用 MSBTS 算法探索可行搜索空间 Ω^{F}，其中包含满足背包约束的物品的非空子集对应的所有可行候选解，即：

$$\Omega^{\mathrm{F}} = \left\{ y \in \{0,1\}^m : \sum_{j \in U_i} w_j \leqslant C, U_i = \{i : y_i = 1\}, 1 \leqslant i \leqslant m, 1 \leqslant j \leqslant n \right\} \quad (4\text{-}8)$$

因此，Ω^{F} 中的候选解可以用 m 维二元向量 $S = (y_1, \cdots, y_m)$ 表示，其中，如果物品 i 被选中，则 y_i 取 1，否则取 0。设 $A = \{q : y_q = 1 \text{ in } S\}$ 和 $\bar{A} = \{p : y_p = 0 \text{ in } S\}$，一个候选解可以用 $S = <A, \bar{A}>$ 表示。此外，候选解的质量由 SUKP 的目标函数值 $f(S)$ 决定。由于 SUKP 是一个最大化问题，因此 f 值越大解越好。

1. 算法框架

MSBTS 算法遵循如图 4-10 所示的流程图，其伪代码如算法 4-11 中描述。

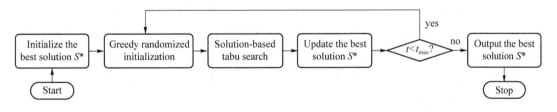

图 4-10 MSBTS 算法流程图

算法 4-11 Multistart solution-based tabu search for the SUKP

1： **input**：Instance I, cut-off time $t_{\max}$, neighborhoods N, hash vectors H_1, H_2, H_3, length of hash vectors L, hash functions h_1, h_2, h_3.

2： **output**：The best solution found S^*.

3： $S^* \leftarrow \varnothing$ /* Initialize the overall best solution S^*, $f(S^*) = 0$ */

4： **while** Time $\leqslant t_{\max}$ **do**

5： $S \leftarrow$ Greedy_Randomized_Initialization(I)

 /* Record the best solution S_b found during tabu search */

6： $S_b \leftarrow$ Solution_Based_Tabu_search(S)

7： **if** $f(S_b) > f(S^*)$ **then**

8： $S^* \leftarrow S_b$ /* Update the overall best solution S^* found so far */

9： **end if**

10： **end while**

11： **return** S^*

MSBTS 算法的基本思想是重复贪婪随机化初始化过程,接着是基于解的禁忌搜索过程。在初始化整体最好解 S^*（算法 4-11,第 3 行）之后,算法通过一个 while 循环（算法 4-11,第 4～10 行）来执行主搜索过程。在这一过程的每一轮,MSBTS 算法首先运行贪婪随机过程,生成一个初始解 S（算法 4-11,第 5 行）,作为基于解的禁忌搜索过程的输入解。基于解的禁忌搜索过程（算法 4-11,第 6 行）迭代改进输入解 S,返回遇到的局部最优解 S_b。在有条件地更新整体最好解 S^* 之后,算法通过重新启动贪婪随机过程进入下一轮搜索。当达到截止时间（$t_{\max}$）时,主搜索过程终止并返回整体最好解 S^*。

2. 具体内容

1) 贪婪随机初始化

本算法采用一种贪婪随机化方法来生成高质量的初始解。设 $W(S)$ 为当前解 S 的总权重,W_k 为未被选物品 k 的权重,其中 W_k 定义为 $W_k = \sum\limits_{j \in U_k \wedge j \notin \bigcup\limits_{i \in S} U_i} w_j$。那么可行的未被选物品可以用 $R(x) = \{k \in \bar{A} : W_k + W(S) \leqslant C\}$ 表示,其中 $\bar{A}$ 是未被选物品的集合。参考文献[112]使用一个被限制的候选列表（用 RCL 表示）来记录属于 $R(x)$ 的 rcl 个可行的非选定物品,其中 rcl 是 RCL 的最大长度。rcl 值过大,会导致 RCL 中记录的物品较多,初始解质量较差;rcl 值过小,则会限制可能的选择,导致初始化过程多样性不足。根据经验设置 rcl $= \sqrt{\max\{m,n\}}$,其中 m 和 n 分别是物品和元素的数量。考虑到 $R(x)$ 中的物品数可能小于 rcl,将 RCL 的大小设置为 $|\text{RCL}| = \min\{\text{rcl}, |R(x)|\}$。

现在,按照以下方式构建 RCL 列表：对于 $R(x)$ 中的每个物品 k,计算其动态性价比 $r_k^* = p_k/W_k$,接着识别具有最大 r^* 值的前 $|\text{RCL}|$ 个物品以确定 RCL。因此,RCL 中包含了可行的未被选物品,其动态性价比大于其他未被选物品。最后,RCL 中每个物品 k 被选择的概率为 P_k,其表达式为

$$P_k = r_k^* \Big/ \sum_{t=1}^{|\text{RCL}|} r^*$$

该贪婪随机初始化过程的伪代码如算法 4-12 所示。从空解 S 开始,初始化过程在 while 循环的每次迭代（算法 4-12,第 6～12 行）中随机自适应地将可行物品 k 添加到 S 中。具体而言,初始解通过以下 4 个步骤生成。第一,计算每个未被选物品的额外权重 W_k（算法 4-12,

第 7 行),如果 $W_k=0$,则添加物品 k 到当前的解 S 中,这意味着增加这个物品 k 不会增加 S 的总重量(算法 4-12,第 8 行)。第二,计算 $R(x)$ 中物品 k 的动态性价比 r_k^*,$W_k\neq0$ (算法 4-12,第 9 行)。第三,计算每个物品 k 被选择的概率 P_k(算法 4-12,第 10 行)。第四, 根据 P_k 从 RCL 中随机添加一个物品到 S(算法 4-12,第 11 行)。重复以上 4 个步骤,直到 达到背包的容量。

算法 4-12 Greedy Randomized Initialization

1: **input**:Instance I.

2: **output**:The initial solution S.

3: /* Get the knapsack capacity C and restricted candidate list length rcl */

4: $(C,\mathrm{rcl}) \leftarrow$ Read_instance(I)

5: $W(S) \leftarrow 0$ /* Initialize the total weight of S* /

6: **while** $W(S) \leqslant C$ **do**

7:    Calculate additional weight W_k of each non-selected item k

8:    Add all items i with $W_i=0$ into current solution S

9:    $r^* \leftarrow$ Calculate_dynamic_profit_ratio(W, $|\mathrm{RCL}|$)

10:    $P \leftarrow$ Calculate_probability(r^*, $|\mathrm{RCL}|$)

11:    $S \leftarrow$ Add_one_item(P, S)

12: **end while**

13: **return** S

如图 4-11 所示,提出一个简单例子来说明贪婪随机初始化过程的主要步骤。给定一 组(6 个)物品,每个物品定义为 $I_i(i=1,\cdots,6)$,其利润分别为 1~6;给定一组(6 个)元素,每 个元素定义为 $E_j(j=1,\cdots,6)$,其权重分别为 1~6;让背包的权重等于 16。在图 4-11 左侧 所示的步骤中,两个物品 I_1 和 I_2 已经被添加到背包中。首先,计算每个未被选中的物品 i 的额外权重 W_i,发现 $W_3=0$(对应于物品 I_3 的元素 E_1 和 E_5 已经被选中)。其次,将物品 I_3 加入背包,得到图 4-11 右侧所示的新解。然后,计算未被选中物品的动态性价比,并确定物 品 I_4 和 I_5 属于 RCL(在这种情况下,$|\mathrm{RCL}|=2$)。最后,根据概率 P_k 将这两个物品中的 一个加入背包。

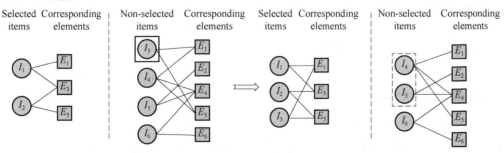

图 4-11 贪婪随机初始化过程主要步骤的一个说明性例子

2) 基于解的禁忌搜索算法

通常,TS 通过设计邻域操作,从当前解迭代过渡到邻域解,从而检查候选解。每个解的转换都是通过在邻域内的邻域解中选择最佳的可接受候选解来执行的。与其他局部搜索算法相比,TS 的主要特点在于它的禁忌列表策略可以防止搜索过程中重新访问之前遇到的解。在所谓的基于解的禁忌搜索[187, 188]中,禁忌列表通过哈希向量和相关的哈希函数实现。与流行的基于属性的禁忌搜索(Attribute-based Tabu Search)方法通常需要一些参数来进行禁忌列表管理不同,基于解的禁忌搜索不需要针对参数进行特殊的调整。

性能好的 SUKP 求解算法往往采用了基于属性的 TS 方法[26, 160, 189]。MSBTS 算法首次采用基于解的禁忌搜索方法求解 SUKP,在避免参数调优困难的同时,可以获得高效的算法性能。

算法 4-13 是基于解的禁忌搜索(SBTS)算法的伪代码。在初始化到当前找到的最佳解(算法 4-13,第 3 行)和哈希向量(禁忌列表,算法 4-13,第 4 行)之后,SBTS 过程迭代地改进当前解 S(算法 4-13,第 6～20 行),直到不存在可接受的邻域解(可行且未被禁忌的邻域解)或达到截止时间 t_{max}。利用给定目标函数 f、邻域结构 N 和禁忌列表管理策略,在 SBTS 过程的每次迭代中,将当前解 S 替换为最佳邻域解,然后用新获得的解 S 更新禁忌列表。在此过程中找到的最佳解记录在 S_b(算法 4-13,14～16 行)中,并作为 SBTS 的输出返回。需要注意的是,最佳的邻域解 S 不一定比 S_b 更好,但它仍然会被选择来取代当前的解 S。这样,搜索就可以不断向前推进,以发现更好的解,而不会陷入局部最优。

SBTS 过程在以下两个条件之一的情况下终止:(1)达到总截止时间;(2)邻域内不存在可接受的邻域解,即 $N'(S)=\varnothing$,其中 $N'(S)\subseteq N(S)$ 为未被禁忌列表禁止的可接受的邻域解的集合。因此,在 SBTS 过程终止时,考虑两种情况:(1)达到总截止时间,然后整个算法终止;(2)算法使用贪婪随机初始化过程重新启动搜索,以创建一个新的初始解,并用该解启动下一轮 SBTS 过程。

算法 4-13 *Solution-Based Tabu Search—SBTS*

1: **input**:Input solution S, neighborhood N, hash vectors H_1, H_2, H_3, hash functions h_1, h_2, h_3, cut-off time t_{max}, length of hash vectors L.

2: **output**:Best solution S_b found during tabu search.

3: $S_b \leftarrow S$ /* Record the best solution S_b found during tabu search */

4: $(H_1, H_2, H_3) \leftarrow$ Initialize_Hash_Vectors(H_1, H_2, H_3, L) /* tabu list */

5: Find $\leftarrow$ True /* Track the admissible neighboring solution */

6: **while** Find $\wedge$ Time $\leqslant t_{max}$ **do**

7: Find admissible neighboring solutions $N'(S)$ in $N(S)$

8: **if** $N'(S) \neq \varnothing$ **then** /* Attain the best admissible neighboring solution S^* */

9： $\quad S \leftarrow \mathrm{argmax}\{f(S') : S' \in N'(S)\}$

10： $\quad$ Find $\leftarrow$ True

11： **else**

12： $\quad$ Find $\leftarrow$ False

13： **end if**

14： **if** $f(S) > f(S_b)$ **then**

15： $\quad f(S_b) \leftarrow f(S)$ / $*$ Update the best solution S_b found during tabu search $*$ /

16： **end if** $\qquad\qquad\qquad$ / $*$ Update the hash vectors with S^* /

17： $\quad H_1[h_1(S)] \leftarrow 1$

18： $\quad H_2[h_2(S)] \leftarrow 1$

19： $\quad H_3[h_3(S)] \leftarrow 1$

20： **end while**

21： **return** S_b

接下来介绍 SBTS 过程的主要组成部分,包括移动算子、邻域结构和基于哈希的禁忌列表管理策略。

(1) 移动算子和邻域结构

SBTS 过程依赖于两个移动算子,即 flip 算子和 swap 算子来探索可能的解。给定一个解 $S = (y_1, \cdots, y_m)$,flip(i) 算子将变量 y_i 的值改为与其相反的值 $1 - y_i$。同样地,给定一个解 $S = \langle A, \bar{A} \rangle$,swap$(q, p)$ 操作将 A 中的一个物品与 $\bar{A}$ 中的一个物品交换,其中 q 和 p 分别代表集合 A 和 $\bar{A}$ 中的物品。同时,邻域过滤策略[26, 189]被应用于这两个移动操作以减少邻域大小。因此,由 flip(i) 和 swap(q, p) 引起的邻域 $N_f(S)$ 和 $N_s(S)$ 分别定义如下。

$$N_f(S) = \{S' : S' = S \oplus \mathrm{flip}(i) : 1 \leqslant i \leqslant m, f(S') > f(S_b)\} \tag{4-9}$$

$$N_s(S) = \{S' : S' = S \oplus \mathrm{swap}(q, p) : q \in A, p \in \bar{A}, f(S') > f(S_b)\} \tag{4-10}$$

MSBTS 算法采用包含邻域 $N_f(S)$ 和 $N_s(S)$ 的联合邻域,即 $N(S) = N_f(S) \cup N_s(S)$,此外,还应用了增益更新策略来快速评估每个邻域解的权重(更多细节请查阅参考文献[160, 189])。

(2) 基于哈希的禁忌列表管理策略

在 SBTS 过程中,将当前解 S 迭代替换为最佳可接受邻域解 S',其中 S' 根据目标函数值和禁忌列表来确定。与传统的基于属性的禁忌搜索不同,基于解的禁忌搜索使用哈希向量和哈希函数来实现禁忌列表,在传统的基于属性的禁忌搜索中,禁忌列表记录所执行的移动操作。

根据前人的研究[175,190,191],MSBTS 算法的禁忌列表管理策略依赖于多个哈希向量和哈希函数,这有助于显著降低禁忌状态识别错误的概率。具体来说,采用 3 个长度为 L 的哈希向量 $H_v (v = 1, 2, 3)$,其中每个位置都取一个二进制值,这有助于定义候选解的禁忌状态。哈希向量初始化为 0,表示没有候选解被归为禁忌。一旦选择一个候选解来替换当前解 S,则3个哈希向量中对应的位置将设为 $1(H_v[h_v(S)] \leftarrow 1, v = 1, 2, 3)$。

给定一个候选解 $S=(y_1, \cdots, y_m)$，如果物品 i 被选中，则 $y_i=1$，否则 $y_i=0$。哈希值 $h_v(S)(v=1, 2, 3)$ 表示为

$$h_v(S) = \Big(\sum_{i=1}^m \lfloor w_i^v \times y_i \rfloor \Big) \bmod L \tag{4-11}$$

其中，L 是哈希向量的长度，设为 10^8。而 w_i^v 是一个预先计算的权值，它满足 $w_i^v=i^{\gamma_v}(v=1, 2, 3, i=1, \cdots, m)$，其中 γ_v 是一个参数，为三个哈希函数的不同取值（1.2，1.6，2.0）。为了减少可能发生的与哈希函数的冲突，随机打乱预先计算的权重向量 w_i^v 的顺序。图 4-12 展示了随机变换操作的一个示例，其中包含五个物品（1～5），γ_v 分别设置为 1.2，1.6，2.0，左侧表示预先计算的权重向量 $w_i^v(v=1, 2, 3, i=1, \cdots, 5)$。然后，随机打乱三个权重向量 w_i^v 的顺序，得到一个新的权重向量，如图 4-2 的右侧所示。初步实验表明，这种随机变换操作有助于降低哈希函数的错误率。

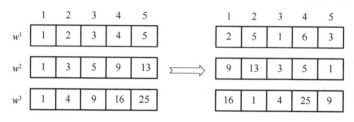

图 4-12　随机变换操作的示意图

基于哈希的禁忌列表管理策略的工作原理如下。给定一个候选解 $S=(y_1, \cdots, y_m)$，首先计算三个哈希值 $h_v(S)$，它们是哈希向量的索引。然后根据哈希向量 $H_v[h_v(S)]$ 的值确定解 S 的禁忌状态。当 $H_1[h_1(S)] \wedge H_2[h_2(S)] \wedge H_3[h_3(S)]=1$ 时，S 被确定为一个禁忌解，即已经被访问过。否则，S 被归类为未被本轮 SBTS 访问的非禁忌解，有资格作为可接受的邻域解。上述策略可以用复杂度 $O(1)$ 快速确定邻域解的禁忌状态，这是基于哈希的禁忌列表管理策略的主要优点。对于图 4-13 所示的例子，解 S 为禁忌状态。

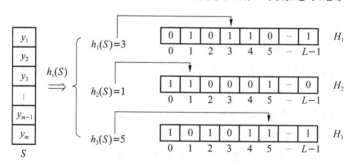

图 4-13　一个被哈希函数和相关哈希向量标记为禁忌解的例子

3）计算复杂度和讨论

贪婪随机初始化过程（算法 4-12）从一个空子集 S 创建一个解，具体分四步。第一步计算额外权重的复杂度为 $O(m \times n)$，其中 m 是物品的数量，n 是元素的数量。第二步计算动态性价比，以复杂度 $O(m \times \log m)$ 确定排名靠前的物品。第三步计算概率可在复杂度

$O(|\text{RCL}|)$ 内实现。第四步增加一个物品可在 $O(1)$ 内实现。因此,初始化过程的时间复杂度为 $O(m \times n \times K_1)$,其中 K_1 为初始化过程的最大迭代次数。对于主要的基于解的禁忌搜索过程(算法 4-13),其复杂度可进行如下评估。设 $S = \langle A, \bar{A} \rangle$ 是给定的输入解,SBTS 过程的一次迭代的复杂度为 $O((m + |\bar{A}| \times |A|) \times n)$。设 K_2 为 SBTS 的最大迭代次数,则 SBTS 的时间复杂度为 $O((m + |\bar{A}| \times |A|) \times n \times K_2)$。

MSBTS 算法与 SUKP 的现有禁忌搜索算法[26,160,189]之间存在联系。首先,MSBTS 算法是第一个基于解的 SUKP 禁忌搜索算法,而现有的 TS 算法都是传统的基于属性的 TS 方法。其次,MSBTS 算法采用了一种新的禁忌列表管理策略,避免了对禁忌长度进行参数调优。最后,与使用扰动过程的 TS 算法不同,MSBTS 算法不需要这种特定的扰动策略,同时能保持高效的算法性能。

值得一提的是,基于解的禁忌搜索方法已经成功地应用于求解多个 NP 困难二元决策问题,如 0-1 多维背包[175]、多需求多维背包[167]、最小微分色散[190]、最大最小离散[191]和不受欢迎的 p-中值问题[167]。对 SUKP 的基于解的禁忌搜索的研究进一步证实了 MSBTS 算法在二元优化问题求解中的有效性。

4.4.2 实验结果与比较

1. 算例

本节实验采用的 60 个基准算例如 4.3.2 节所述,包含 85~1 000 个物品和元素。

2. 实验设置和参考算法

本节的 MSBTS 算法是在 C++中实现的,并使用带有-O3 选项的 g++编译器编译。所有的实验都是在 Linux 操作系统下运行的 Intel Xeon E5-2670 处理器(2.5 GHz CPU 和 2 GB RAM)上进行的。MSBTS 算法对参考算法使用了相同的停止条件,即集合Ⅰ算例为 500 s,集合Ⅱ算例为 1 000 s。每个算例都用不同的随机种子独立求解了 100 次。注意,与现有算法的区别是,MSBTS 算法不需要进行参数调优。

本节实验在已有的 SUKP 算法中,根据报道的计算结果确定了四种性能较好的算法——混合 Jaya 算法[182](DHJaya)、混合二进制粒子群优化与禁忌搜索算法[160](HBPSO/TS)、迭代两阶段局部搜索算法[26](I2PLS)和基于核的禁忌搜索算法[189](KBTS),并将以上算法作为对比研究的参考算法。以上算法的结果都是在与本节实验相同计算平台、相同停止条件下获得的,详情请查阅参考文献[189]。

3. 计算结果与比较

MSBTS 算法和参考算法对集合Ⅰ和集合Ⅱ的 SUKP 基准算例上的计算结果分别如表 4-16 和表 4-17 所示,主要包含以下信息:每个算法的最佳目标值(f_{best})、平均目标值(f_{avg})、100 次运行的标准差(std)和平均运行时间 t_{avg}(达到 f_{best} 值的平均时间)。此外,"#Avg"行显示了每一列的平均值。

表 4-16　MSBTS 算法和参考算法对集合 Ⅰ 的 30 个基准算例的计算结果

Instance	DHJaya				HBPSO/TS				I2PLS				KBTS				MSBTS			
	f_{best}	f_{avg}	std	t_{avg}/s	f_{best}	f_{avg}	std	t_{avg}/s	f_{best}	f_{avg}	std	t_{avg}/s	f_{best}	f_{avg}	std	t_{avg}/s	f_{best}	f_{avg}	std	t_{avg}/s
100_85_0.10_0.75 *	13 283	13 283	0	9.477	13 283	13 283	0	0.098	13 283	13 283	0	3.094	13 283	13 283	0	4.082	13 283	13 283	0	12.77
100_85_0.15_0.85 *	12 479	12 479	0	24.414	12 479	12 403.15	98.97	101.122	12 479	12 335.13	98.78	103.757	12 479	12 479	0	42.992	12 479	12 413.78	79.79	184.323
200_185_0.10_0.75	13 521	13 498.22	26.1	258.213	13 521	13 521	0	0.49	13 521	13 521	0	71.984	13 521	13 521	0	6.988	13 521	13 521	0	22.528
200_185_0.15_0.85	14 215	14 215	0	83.129	14 215	14 177.38	70.84	72.041	14 215	14 031.28	131.46	180.809	14 215	14 209.87	29.17	107.407	14 215	13 946.15	153.67	258.541
300_285_0.10_0.75	11 385	11 167.77	129.98	174.335	11 563	11 563	0	38.355	11 563	11 562.02	3.94	181.248	11 563	11 563	0	28.841	11 563	11 563	0	37.877
300_285_0.15_0.85	12 402	12 248.42	22.12	316.767	12 607	12 607	0	24.967	12 607	12 364.55	83.03	240.333	12 607	12 536.02	87.51	235.45	12 607	12 430.51	73.86	216.465
400_385_0.10_0.75	11 484	11 325.88	38.65	229.37	11 484	11 484	0	10.87	11 484	11 484	0	31.801	11 484	11 484	0	0.296	11 484	11 484	0	7.643
400_385_0.15_0.85	10 710	10 293.96	173.85	241.068	11 209	11 209	0	16.478	11 209	11 157.26	87.29	141.525	11 209	11 209	0	72.02	11 209	11 209	0	46.8
500_485_0.10_0.75	11 722	11 675.51	55.53	226.604	11 771	11 746.19	57.98	293.514	11 771	11 729.76	6.59	349.545	11 771	11 755.47	19.74	206.199	11 771	11 771	0	31.171
500_485_0.15_0.85	10 194	9 703.56	114.852	383.021	10 194	10 163.76	82.11	92.121	10 238	10 133.94	94.72	369.375	10 238	10 202.9	16.25	293.14	10 238	10 205.62	16.33	389.536
100_100_0.10_0.75 *	14 044	14 044	0	1.374	14 044	14 044	0	0.518	14 044	14 044	0	38.245	14 044	14 044	0	0.023	14 044	14 044	0	6.639
100_100_0.15_0.85 *	13 508	13 508	0	1.572	13 508	13 508	0	2.923	13 508	13 451.5	126.49	70.587	13 508	13 508	0	33.403	13 508	13 508	0	55.103
200_200_0.10_0.75	12 522	12 480.62	65.05	207.667	12 522	12 522	0	0.812 5	12 522	12 522	0	54.78	12 522	12 522	0	48.206	12 522	12 518.28	21.15	70.411
200_200_0.15_0.85	12 317	12 217.81	93.361	229.824	12 317	12 317	0	0.95	12 317	12 280.07	57.77	238.348	12 317	12 317	0	72.495	12 317	12 316.21	7.86	92.155
300_300_0.10_0.75	12 736	12 676.78	35.2	241.774	12 817	12 806.44	15.39	29.074	12 817	12 817	0	66.403	12 817	12 817	0	74.247	12 817	12 813.7	9.9	165.618

续 表

Instance	DHJaya				HBPSO/TS				I2PLS				KBTS				MSBTS			
	f_{best}	f_{avg}	std	t_{avg}/s	f_{best}	f_{avg}	std	t_{avg}/s	f_{best}	f_{avg}	std	t_{avg}/s	f_{best}	f_{avg}	std	t_{avg}/s	f_{best}	f_{avg}	std	t_{avg}/s
300_300_0.15_0.85	11 425	11 260.25	103.95	152.329	11 585	11 585	0	5.985	11 585	11 512.18	73.15	220.1	11 585	11 584.17	8.26	141.464	11 585	11 585	0	156.333
400_400_0.10_0.75	11 569	11 301.56	74.88	322.143	11 665	11 484.2	72.95	45.025	11 665	11 665	0	18.733	11 665	11 665	0	64.126	11 665	11 657.08	10.56	90.423
400_400_0.15_0.85	10 927	10 721.45	221.38	77.037	11 325	11 325	0	5.902	11 325	11 325	0	76	11 325	11 325	0	17.591	11 325	11 309.2	112.46	125.95
500_500_0.10_0.75	10 943	10 871.22	39.93	41.383	11 109	11 026.24	51.62	340.958	11 249	11 243.4	27.43	134.186	11 249	11 248.96	0.4	146.04	11 249	11 249	0	29.905
500_500_0.15_0.85	10 214	10 069.33	103.33	101.926	10 381	10 213.25	71.3	220.328	10 381	10 293.89	85.53	237.894	10 381	10 362.63	52.25	156.331	10 381	10 365.52	49.41	169.084
85_100_0.10_0.75*	12 045	12 045	0	17.199	12 045	12 045	0	0.056	12 045	12 045	0	2.798	12 045	12 045	0	0.075	12 045	12 045	0	3.117
85_100_0.15_0.85*	12 369	12 369	0	0.342	12 369	12 369	0	0.088	12 369	12 315.53	62.6	17.47	12 369	12 369	0	10.175	12 369	12 369	0	26.24
185_200_0.10_0.75	13 696	13 667.63	26.56	244.205	13 696	13 696	0	0.489	13 696	13 695.6	3.68	124.136	13 696	13 696	0	5.851	13 696	13 696	0	7.089
185_200_0.15_0.85	11 298	11 298	0	38.439	11 298	11 298	0	0.486	11 298	11 276.17	83.78	139.865	11 298	11 298	0	6.373	11 298	11 298	0	30.689
285_300_0.10_0.75	11 568	11 563.8	10.41	203.874	11 568	11 568	0	13.63	11 568	11 568	0	25.128	11 568	11 568	0	30.618	11 568	11 567.7	2.99	17.706
285_300_0.15_0.85	11 714	11 436.93	101.85	463.466	11 802	11 802	0	2.135	11 802	11 790.43	27.51	206.422	11 802	11 799.27	9.95	168.904	11 802	11 798.88	10.58	186.685
385_400_0.10_0.75	10 483	10 287.36	80.61	53.459	10 600	10 552.73	74.68	100.155	10 600	10 536.53	56.08	234.475	10 600	10 600	0	73.087	10 600	10 599.7	1.71	150.505
385_400_0.15_0.85	10 302	10 184.09	138	230.077	10 506	10 472.4	67.2	168.87	10 506	10 502.64	23.52	129.505	10 506	10 506	0	58.24	10 506	10 504.23	16.08	133.34
485_500_0.10_0.75	11 036	10 883.19	48.58	66.029	11 321	11 142.27	62.51	223.387	11 321	11 306.47	36	207.118	11 321	11 318.81	10.95	121.494	11 321	11 321	0	54.178
485_500_0.15_0.85	10 104	9 665.7	142.57	49.438	10 220	10 208.96	3.26	143.999	10 220	10 179.45	46.97	238.63	10 220	10 219.76	1.68	118.564	10 220	10 219.04	3.26	123.052
# Avg	11 873.83	11 748.07	61.56	156.332	11 967.47	11 938.10	24.29	65.194	11 973.6	11 932.39	40.54	138.476	11 973.6	11 968.56	7.87	78.16	11 973.6	11 953.72	18.987	96.729

表 4-17　MSBTS 算法和参考算法对集合Ⅱ的 30 个基准算例的计算结果

Instance	DHJaya				HBPSO/TS				I2PLS				KBTS				MSBTS			
	f_{best}	f_{avg}	std	t_{avg}/s	f_{best}	f_{avg}	std	t_{avg}/s	f_{best}	f_{avg}	std	t_{avg}/s	f_{best}	f_{avg}	std	t_{avg}/s	f_{best}	f_{avg}	std	t_{avg}/s
600_585_0.10_0.75	9 640	9 449.97	60.22	690.489	9 741	9 724.6	7.68	576.26	9 750	9 734.74	13.39	479.356	9 914	9 914	0	209.679	9 914	9 914	0	181.952
600_585_0.15_0.85	9 187	8 998.45	79.17	881.295	9 357	9 174.16	143.19	413.157	9 357	9 324.62	16.67	457.807	9 357	9 354.52	9.18	263.684	9 357	**9 357**	0	59.382
700_685_0.10_0.75	9 790	9 602	55.96	543.236	9 881	9 792.23	51.06	881.999	9 881	9 819.24	38.74	363.945	9 881	9 844.96	11.88	455.713	9 881	**9 881**	0	28.474
700_685_0.15_0.85	9 106	8 894.09	140.48	426.088	9 135	8 940.65	109.78	689.759	9 163	9 135.27	4.9	671.132	9 163	9 138.36	9.1	524.799	9 163	**9 163**	0	102.379
800_785_0.10_0.75	9 771	9 540.08	47.95	637.331	9 837	9 736.89	46.11	777.755	9 822	9 678.89	80.67	719.986	9 837	9 808.86	20.42	483.384	**9 937**	**9 937**	0	259.16
800_785_0.15_0.85	8 797	8 649	63.01	236.798	8 907	8 872.84	84.36	418.033	8 907	8 780.32	43.34	674.231	9 024	8 955.29	49.07	474.643	9 024	**8 986.25**	25.38	486.666
900_885_0.10_0.75	9 455	9 249.53	109.14	687.15	9 611	9 560.93	89.43	514.922	9 611	9 537.61	61.42	511.245	9 725	9 616.7	24.85	609.811	9 725	**9 725**	0	192.213
900_885_0.15_0.85	8 418	8 244.47	87.93	316.604	8 481	8 208.22	108.56	332.102	8 481	8 426.36	44.76	541.67	8 620	8 526.55	48.37	274.653	8 620	**8 566.71**	31.18	978.573
1000_985_0.10_0.75	9 424	9 306.86	45.01	309.873	9 668	9 278.5	125.8	620.436	9 580	9 221.23	103.18	329.743	9 668	9 496.63	74.35	487.925	9 689	**9 632.59**	29.56	671.192
1000_985_0.15_0.85	8 433	8 280.52	90.87	312.589	8 448	8 129.08	92.71	564.848	8 448	8 268.18	135.55	541.606	8 453	8 448.05	0.5	941.565	**8 455**	**8 453.36**	0.77	634.006
600_600_0.10_0.75	10 507	10 504.25	19.67	321.196	10 518	10 517.89	1.09	60.254	10 524	10 520.7	2.99	513.537	10 524	10 521.72	2.91	404.697	10 524	**10 524**	0	16.377
600_600_0.15_0.85	8 910	8 785.64	43.46	571.965	9 024	8 902.33	27.27	214.261	9 062	9 022.97	46.28	456.386	9 062	9 061.16	4.78	255.342	9 062	**9 062**	0	224.626
700_700_0.10_0.75	9 512	9 409.01	28.7	809.836	9 786	9 679.56	72.51	215.91	9 786	9 742.73	40.87	383.7	9 786	9 786	0	97.316	9 786	**9 786**	0	64.868
700_700_0.15_0.85	9 121	8 985.51	65.9	507.656	9 177	9 003.15	138.46	659.194	9 229	9 155.79	18.61	445.194	9 229	9 187.55	20.7	486.304	9 229	**9 229**	0	96.472
800_800_0.10_0.75	9 890	9 656.38	51.42	567.09	9 932	9 823.17	113.2	607.506	9 932	9 685.79	72.06	868.227	9 932	9 930.56	14.33	214.286	9 932	**9 932**	0	21.032

续表

Instance	DHJaya				HBPSO/TS				I2PLS				KBTS				MSBTS			
	f_{best}	f_{avg}	std	t_{avg}/s	f_{best}	f_{avg}	std	t_{avg}/s	f_{best}	f_{avg}	std	t_{avg}/s	f_{best}	f_{avg}	std	t_{avg}/s	f_{best}	f_{avg}	std	t_{avg}/s
800_800_0.15_0.85	8 961	8 774.18	59.78	161.688	8 907	8 732.94	160.07	590.883	8 961	8 909.5	10.91	27.17	9 101	8 936.12	39.55	321.859	9 101	**9 101**	0	129.395
900_900_0.10_0.75	9 526	9 462.86	37.83	670.99	9 745	9 639.6	51.13	598.52	9 745	9 660.12	36.68	341.11	9 745	9 729.51	30.06	368.807	9 745	**9 745**	0	45.95
900_900_0.15_0.85	8 718	8 492.88	62.31	702.655	8 916	8 617.2	210.54	665.798	8 916	8 916	0	116.694	8 990	8 918.96	14.5	672.574	8 990	**8 990**	0	237.865
1000_1000_0.10_0.75	9 348	9 250.8	53.65	542.187	9 509	9 273.64	82.57	802.652	9 544	9 255.73	142.33	876.669	9 544	9 431.47	60.84	510.66	9 551	**9 551**	0	142.712
1000_1000_0.15_0.85	8 330	8 037.92	71.87	932.614	8 134	7 872.84	95.76	97.909	8 379	8 206.49	68.52	632.334	8 474	8 376.2	27.12	500.435	**8 538**	**8 497.39**	28.46	505.954
585_600_0.10_0.75	10 300	10 161.45	72.81	98.186	10 393	10 191.01	102.35	729.422	10 393	10 366.15	29.83	499.311	10 393	10 393	0	89.785	10 393	10 393	0	73.093
585_600_0.15_0.85	9 031	8 944.22	61.72	616.631	9 256	9 256	0	103.637	9 256	9 256	0	264.876	9 256	9 256	0	84.359	9 256	9 256	0	99.163
685_700_0.10_0.75	10 070	9 953.55	49.02	430.18	10 121	9 909	30.82	123.012	10 121	9 979.7	86.13	540.289	10 121	10 114.96	31.87	230.918	10 121	**10 121**	0	9.229
685_700_0.15_0.85	9 102	8 860.79	106.42	159.976	9 176	8 936.47	135.64	645.153	9 176	9 139.18	52.8	461.051	9 176	9 176	0	140.151	9 176	**9 176**	0	96.859
785_800_0.10_0.75	9 123	8 885.09	54.14	316.494	9 384	9 163.9	70.91	339.415	9 384	9 236.1	95.56	576.738	9 384	9 384	0	136.173	9 384	9 382.68	9.24	210.315
785_800_0.15_0.85	8 556	8 482.33	51.45	604.625	8 572	8 322.17	57.53	665.514	8 663	8 558.51	79.51	586.047	8 746	8 643.93	47.92	467.334	8 746	**8 684.58**	36.41	720.765
885_900_0.10_0.75	9 137	9 079.09	46.7	590.376	9 232	9 121.24	48.92	455.104	9 232	9 106.31	62.28	452.36	9 318	9 236.16	21.32	281.632	9 318	**9 318**	0	81.932
885_900_0.15_0.85	8 217	7 881.44	65.84	140.935	8 277	7 900.57	131.65	296.061	8 425	8 268	104.34	484.859	8 425	8 311.68	46.8	625.829	8 425	**8 411.72**	9.88	573.526
985_1000_0.10_0.75	9 067	8 994.48	44.99	313.094	9 113	8 938.38	66.64	967.315	9 047	8 917.48	126.37	89.76	9 193	9 105.84	74.76	319.356	**9 234**	**9 193.15**	13.26	855.645
985_1000_0.15_0.85	8 453	8 425.27	48.74	503.976	8 172	7 958.24	121.56	350.64	8 528	8 233.05	119.98	283.901	8 528	8 488.13	33.47	450.711	**8 612**	**8 578.2**	32.47	628.435
# Avg	9 196.67	9 041.4	62.54	482.096	9 280.33	9 105.91	85.91	499.248	9 310.10	9 202.09	57.96	473.031	9 352.3	9 303	10	23.95	379.479	**9 351.59**	7.22	280.94

根据表 4-16 可以得出以下的结论。首先，根据问题的最佳目标值，MSBTS 算法可以在集合 I 的所有 30 个算例上获得所有已知的 f_{best} 结果，因此 MSBTS 算法性能优于 DHJaya 算法，并与 I2PLS 算法和 KBTS 算法的性能持平。其次，就平均目标值而言，MSBTS 算法与 DHJaya 算法、HBPSO/TS 算法和 I2PLS 算法相比，整体表现更好。

表 4-17 所示的集合 II 的 30 个算例的计算结果揭示了 MSBTS 算法在大型算例上优于参考算法。具体来说，MSBTS 算法与参考算法在 23 个算例上的 f_{best} 值相同，但剩下的 7 个算例找到了新的最好解（改进的 SUKP 问题下界）。这 7 个算例中的大多数都有 985～1 000 个物品，证明了 MSBTS 算法在较困难的算例上有优势。当考虑 f_{avg} 时，与参考算法相比，MSBTS 算法仍然具有很强的竞争力。MSBTS 算法还在 20 个算例上获得了零标准差，而参考算法实现的零标准差数量更少（DHJaya 为 0 个，HBPSO/TS 为 1 个，I2PLS 为 2 个，KBTS 为 6 个），这显示了该算法的鲁棒性。此外，MSBTS 算法在 t_{avg} 列的最后一行对应更小的"♯Avg"值表明，在这组 SUKP 算例上，该算法比参考算法具有更高的计算效率。

为了更好地突出 MSBTS 算法的优势，在表 4-18 中总结了 MSBTS 算法与各参考算法之间的比较结果。前两列分别给出了两种比较算法和对应的算例集，其中 Set I 表示集合 I，Set II 表示集合 II。列"♯Wins""♯Ties""♯Losses"分别显示了 MSBTS 算法在 f_{best} 和 f_{avg} 指标获得较好、相等和较差结果的算例数量。最后一列表示来自 Wilcoxon 带符号秩检验的 p 值，其中"NA"意味着两组结果完全相同。从表 4-18 中可以观察到，MSBTS 算法在所有测试算例上获得了更好或相等的 f_{best} 值，且在大多数算例上的 f_{avg} 值更好。注意，对于集合 I，KBTS 算法的 f_{avg} 值比 MSBTS 算法的更好。然而，表 4-18 中的 Wilcoxon 带符号秩检验（$p=9.10e-2>0.05$）表明，二者在这组结果上没有显著差异。此外，如最后一列所示，在集合 I 的算例上，MSBTS 算法和除 DHJaya 外的参考算法之间没有显示出在 0.05 显著性水平上的统计学差异，但在集合 II 的算例上，MSBTS 算法与各参考算法之间获得的 p 值（<0.05）证实了比较结果的统计学显著差异。

表 4-18 MSBTS 算法与在两组基准测试算例上与其他参考算法的比较

Algorithm pair	Instance set	Indicator	♯ Wins	♯ Ties	♯ Losses	p-value
MSBTS vs. DHJaya	Set I (30)	f_{best}	16	14	0	4.82e−4
		f_{avg}	23	6	1	1.37e−4
	Set II (30)	f_{best}	30	0	0	1.82e−06
		f_{avg}	30	0	0	1.86e−09
MSBTS vs. HBPSO/TS	Set I (30)	f_{best}	2	28	0	1.80e−1
		f_{avg}	11	12	7	1.33e−1
	Set II (30)	f_{best}	20	10	0	5.96e−5
		f_{avg}	29	1	0	2.56e−6
MSBTS vs. I2PLS	Set I (30)	f_{best}	0	30	0	NA
		f_{avg}	19	5	6	2.64e−2
	Set II (30)	f_{best}	15	15		8.83e−5
		f_{avg}	29	1	0	2.56e−6

Algorithm pair	Instance set	Indicator	♯ Wins	♯ Ties	♯ Losses	p-value
MSBTS vs. KBTS	Set Ⅰ(30)	f_{best}	0	30	0	NA
		f_{avg}	6	11	13	9.10e−2
	Set Ⅱ(30)	f_{best}	7	23	0	1.80e−2
		f_{avg}	24	5	1	1.57e−5

4. Time-To-Target 分析

此处开展 Time-To-Target(TTT)分析,以评估 MSBTS 算法与参考算法的计算效率。比较每种算法获得至少与给定目标值相同的解所需的时间,并测量概率分布。关于 TTT 分析的更多细节可以在参考文献[185]和[186]中找到。

具体操作为:运行每个比较算法 100 次,利用 4.4.2 节中"2.实验设置和参考算法"所示的实验设置来求解集合 Ⅱ 中的每个算例,并记录实现至少与给定目标值相同的解所需的时间(算法在达到目标值时立即停止);然后按递增顺序对时间进行排序,计算每个时间 T_i 出现的概率 $\rho_i = (i-0.5)/100$,其中 T_i 对应第 i 个最小的时间。

表 4-19 给出了 DHJaya 算法、HBPSO/TS 算法、I2PLS 算法、KBTS 算法和 MSBTS 算法在集合 Ⅱ 算例上的实验结果:前两列分别给出了每个算例的名称和对应的目标值;其余列为各算法以秒为单位的达到目标值的最佳时间(T_{best})和 100 次运行达到目标值的平均时间(T_{avg});行"♯ Avg"表示每一列的平均值;"♯ Best"显示各算法获得最小 T_{best} 值的算例数;此外,为了检查 MSBTS 算法和参考算法之间是否存在 T_{best} 和 T_{avg} 方面的显著差异,在表 4-19 的最后一行报告了来自 Wilcoxon 带符号秩检验的 p 值。

表 4-19　MSBTS 算法和参考算法在集合 Ⅱ 算例上的 TTT 分析结果

Instance	Target	DHJaya		HBPSO/TS		I2PLS		KBTS		MSBTS	
		T_{best}/s	T_{avg}/s	T_{best}/s	T_{avg}/s	T_{best}/s	T_{avg}/s	T_{best}/s	T_{avg}/s	T_{best}/s	T_{avg}/s
600_585_0.10_0.75	9 500	100.079	523.459	3.47	9.353	3.741	11.927	0.213	**0.618**	0.654	1.297
600_585_0.15_0.85	9 100	65.826	566.872	67.883	382.176	6.599	59.784	3.486	12.187	**1.244**	**9.123**
700_685_0.10_0.75	9 700	270.577	561.072	11.334	133.119	11.657	66.97	1.216	7.799	0.858	5.31
700_685_0.15_0.85	9 100	106.614	427.274	123.888	526.406	9.663	178.041	1.647	42.561	1.37	23.398
800_785_0.10_0.75	9 500	160.885	650.605	18.534	132.56	25.917	241.929	1.272	15.965	1.325	7.6
800_785_0.15_0.85	8 700	151.59	516.174	68.445	323.062	15.246	102.963	5.448	55.774	2.492	7.798
900_885_0.10_0.75	9 400	313.696	560.054	37.409	271.706	13.254	295.578	1.53	28.776	3.346	8.834
900_885_0.15_0.85	8 400	221.799	400.128	499.176	652.865	13.318	459.241	2.592	60.691	2.139	9.243

Instance	Target	DHJaya		HBPSO/TS		I2PLS		KBTS		MSBTS	
		T_{best}/s	T_{avg}/s	T_{best}/s	T_{avg}/s	T_{best}/s	T_{avg}/s	T_{best}/s	T_{avg}/s	T_{best}/s	T_{avg}/s
1000_985_0.10_0.75	9 000	291.897	421.09	9.114	97.051	13.008	150.602	1.061	21.855	0.639	16.614
1000_985_0.15_0.85	8 300	293.618	574.331	678.089	820.44	530.745	530.745	6.685	116.893	10.87	25.255
600_600_0.10_0.75	10 500	67.558	369.584	16.691	51.81	5.938	31.448	2.589	58.678	1.041	5.271
600_600_0.15_0.75	8 800	68.179	560.449	6.067	131.515	5.67	40.425	1.17	5.538	0.697	5.45
700_700_0.10_0.75	9 500	654.112	743.459	9.297	163.108	9.09	99.874	1.769	12.083	0.721	4.817
700_700_0.15_0.85	9 100	105.922	521.651	111.166	690.543	23.306	265.033	4.807	29.8	2.098	19.571
800_800_0.10_0.75	9 800	573.46	576.004	180.088	549.453	866.553	866.553	9.431	213.756	6.618	21.098
800_800_0.15_0.85	8 800	162.727	575.454	114.424	508.682	15.821	131.655	1.385	27.487	2.459	8.224
900_900_0.10_0.75	9 500	220.422	603.266	33.222	261.629	11.589	46.073	1.275	8.965	2.809	6.297
900_900_0.15_0.85	8 600	235.578	459.369	50.142	554.41	12.601	84.906	1.033	10.397	0.912	8.208
1000_1000_0.10_0.75	9 300	327.772	784.859	76.998	560.236	30.069	412.291	2.125	149.036	18.468	43.389
1000_1000_0.15_0.85	8 000	294.562	530.699	76.86	548.614	25.684	225.339	2.132	24.634	1.218	8.561
585_600_0.10_0.75	10 000	64.865	245.444	15.053	83.161	6.935	17.042	1.614	5.787	0.746	2.51
585_600_0.15_0.85	9 000	65.337	528.534	8.954	63.449	7.319	96.275	1.033	21.288	1.005	21.108
685_700_0.10_0.75	10 000	333.101	472.05	137.383	171.016	108.642	484.414	13.512	235.948	2.818	5.23
685_700_0.15_0.85	9 000	154.648	514.173	189.391	531.964	19.709	299.99	3.127	45.425	1.37	29.075
785_800_0.10_0.75	8 900	155.496	484.831	9.029	96.09	11.278	104.36	0.756	7.486	0.765	2.847
785_800_0.15_0.85	8 500	150.938	607.258	679.254	679.254	27.872	358.703	10.115	155.45	2.401	22.656

Instance	Target	DHJaya		HBPSO/TS		I2PLS		KBTS		MSBTS	
		T_{best}/s	T_{avg}/s	T_{best}/s	T_{avg}/s	T_{best}/s	T_{avg}/s	T_{best}/s	T_{avg}/s	T_{best}/s	T_{avg}/s
885_900_ 0.10_0.75	9 100	222.106	619.25	30.648	425.582	36.186	415.666	6.096	73.726	4.159	17.378
885_900_ 0.15_0.85	8 000	346.018	631.78	228.52	564.195	28.099	209.716	1.941	17.235	1.746	7.186
985_1000_ 0.10_0.75	8 900	300.232	540.491	278.5	651.225	36.254	428.971	12.316	113.23	9.698	48.404
985_1000_ 0.15_0.85	8 100	281.46	437.529	109.148	276.985	47.763	287.634	1.088	12.129	0.997	10.208
♯Avg	9 073	225.369	533.573	129.272	363.722	65.984	233.472	3.482	53.04	2.923	13.732
♯Best	—	0	0	0	0	0	0	8	2	22	28
♯p-value	—	1.86e−09	1.86e−09	1.86e−09	1.86e−09	1.86e−09	1.86e−09	2.48e−02	9.31e−09	—	—

从表 4-19 中可以观察到,与参考算法相比,MSBTS 算法在 T_{best} 和 T_{avg} 方面具有很强的竞争力。特别是,MSBTS 算法在其中的 22 个算例中获得了最小的 T_{best} 值,而 DHJaya 算法、HBPSO/TS 算法、I2PLS 算法和 KBTS 算法分别为 0、0、0 和 8 个算例。此外,根据"♯Avg"值,证明 MSBTS 算法有更好的平均性能。来自 Wilcoxon 符号秩检验的 p 值(<0.05)清楚地表明,MSBTS 算法与参考算法之间的差异具有统计学意义。

图 4-14 展示了 MSBTS 算法与参考算法的计算效率差异。每个子图中的横轴表示达到目标值所需的时间,纵轴表示达到给定目标值的累计概率。通过观察可知,每一种算法的累计概率随着运行时间的增加而增加。然而,在两个算例上,MSBTS 算法和 KBTS 算法在非常短的计算时间(小于 20 s)内获得了很高的概率(超过 90%),而其他算法的表现都很差。就 MSBTS 算法和 KBTS 算法而言,为了达到 99.5% 的累计概率,前者在两个算例上都需要大约 12 s,而 KBTS 则需要大约 42 s 和 26 s。注意,DHJaya 算法在这两个算例上都未能在 1 000 s 的时间限制内达到 99.5% 的概率。这个实验证明了 MSBTS 算法具有较高的计算效率。

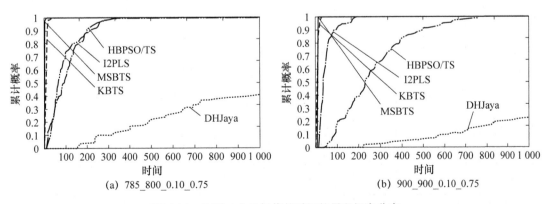

图 4-14　达到一个目标值的时间的累积概率分布

4.4.3　分析与总结

本节通过实验探究 MSBTS 算法的主要成分对算法性能的影响。具体内容为:哈希函数的灵敏度分析,哈希函数的错误率和基于解的禁忌搜索分析。

1. 哈希函数的灵敏度分析

哈希函数是 MSBTS 算法的关键组成部分。本部分分析哈希函数中的参数 $\gamma_v(v=1,2,3)$ 对 MSBTS 算法性能的影响。如参考文献[190]中所述,γ_v 的设置应满足两个条件:(1)每个候选解的哈希值应不超过允许的最大整数,以避免溢出;(2)不同候选解的哈希值分布应足够宽,以减少可能发生的碰撞。对在哈希函数中使用的 γ_v 进行了初步实验,结果表明,对于包含超过 985 个物品或元素的算例,较大的 γ_v 值(>2.8)将导致整数溢出,但较小的 γ_v 值(<1.0)将导致相邻物品的 $\lfloor w_i^v \rfloor$($w_i^v = i^{\gamma_v}$)的值相同,从而增加了碰撞的概率。例如,假设 $\gamma_v = 0.9$,相邻的两个物品 501 和 502 的 $\lfloor w_i^v \rfloor$ 值均为 269($w_{501} = 501^{0.9} = 269.06$,$w_{502} = 502^{0.9} = 269.55$),则给定两个邻域解 S_1 和 $S_2 = S_1 \oplus \text{swap}(500, 501)$,它们将得到相同的哈希值,即产生了哈希冲突。因此,此处以范围 $(1.0, 2.8)$ 分析参数 γ_v 的影响。

本部分测试了不同参数组(γ_1, γ_2, γ_3)对 10 个代表性 SUKP 算例的影响,这 10 个算例为 785_800_0.15_0.85、800_785_0.15_0.85、885_900_0.15_0.85、900_885_0.15_0.85、985_1000_0.10_0.75、985_1000_0.15_0.85、1000_985_0.10_0.75、1000_985_0.15_0.85、1000_1000_0.15_0.85。这 10 个算例分别用 G_1 到 G_{10} 表示。实验中,设置每个算例上的截止时间为 1 000 s,对每一组参数进行 30 次独立运行,并记录平均目标值(f_{avg})。这里未提供最佳目标值(f_{best}),因为在不同的参数组(γ_1, γ_2, γ_3)下获得的大多数 f_{best} 值是完全相同的。

表 4-20 显示了本次实验结果,第一行为每个被测算例的标签,第一列为参数(γ_1, γ_2, γ_3)的设置,每组对应的 f_{avg} 值分别在第 2 行～第 21 行中显示。表 4-20 的最后一行"♯std"给出了每一列的标准差,最后一列"♯Avg"表示了每一行的平均值。

表 4-20　哈希函数对 MSBTS 算法平均性能的影响

(γ_1, γ_2, γ_3)	G_1	G_2	G_3	G_4	G_5	G_6	G_7	G_8	G_9	G_{10}	♯Avg
(1.1,1.3,1.5)	8 665.77	9 930.33	9 004	8 408.87	8 578.23	9 190.07	8 579.50	9 647.67	8 453.80	8 491.90	8 895.01
(1.1,1.5,1.9)	8 687.90	9 937	8 985.50	8 411	8 577.10	9 191.87	8 575.17	9 627.50	8 453.27	8 490.07	8 893.64
(1.2,1.4,1.8)	8 687.90	9 937	8 983.67	8 412.20	8 579.27	9 190.73	8 583.83	9 638.50	8 453.60	8 487.93	8 895.46
(1.2,1.6,2.0)	8 693.43	9 937	8 992.83	8 413.80	8 576.07	9 192.53	8 579.50	9 631.80	8 453.20	8 500.37	8 897.03
(1.3,1.5,1.7)	8 671.30	9 937	9 000.17	8 411.67	8 581.43	9 192.93	8 577.33	9 636.10	8 453.43	8 490.77	8 895.21
(1.3,1.7,2.1)	8 690.67	9 937	8 985.50	8 413.80	8 566.33	9 189.03	8 577.33	9 631.80	8 453.13	8 491.70	8 893.61
(1.4,1.6,2.0)	8 687.90	9 933.67	8 994.67	8 411.47	8 582.53	9 191.80	8 573	9 626.13	8 453.27	8 486.93	8 894.14
(1.5,1.7,1.9)	8 679.60	9 937	8 989.17	8 412.20	8 568.43	9 189.73	8 573	9 631	8 453.33	8 496.10	8 892.96
(1.5,1.9,2.3)	8 685.13	9 933.67	8 983.67	8 412.20	8 571.67	9 191.80	8 579.50	9 636.80	8 453.40	8 492.47	8 894.03
(1.6,1.8,2.2)	8 679.60	9 937	8 989.17	8 412.20	8 568.43	9 189.73	8 573	9 631	8 453.33	8 496.10	8 892.96
(1.7,1.9,2.1)	8 685.13	9 933.67	8 985.50	8 412.20	8 573.90	9 191.57	8 573	9 637.50	8 453.40	8 492.47	8 893.73
(1.7,2.1,2.5)	8 682.37	9 933.67	8 981.83	8 412.20	8 573.90	9 191.57	8 575.17	9 637.50	8 453.40	8 492.47	8 893.41

$(\gamma_1,\gamma_2,\gamma_3)$	G_1	G_2	G_3	G_4	G_5	G_6	G_7	G_8	G_9	G_{10}	#Avg
(1.8,2.0,2.4)	8 685.13	9 933.67	8 983.67	8 412.20	8 571.67	9 191.80	8 579.50	9 636.80	8 453.40	8 492.47	8 894.03
(1.9,2.1,2.3)	8 682.37	9 933.67	8 981.83	8 412.20	8 573.90	9 191.57	8 577.33	9 637.20	8 453.40	8 492.47	8 893.59
(1.9,2.3,2.7)	8 682.37	9 933.67	8 981.83	8 412.20	8 573.90	9 191.57	8 577.33	9 637.50	8 453.40	8 492.47	8 893.62
(2.0,2.2,2.6)	8 685.13	9 933.67	8 985.50	8 412.20	8 573.90	9 190.50	8 573	9 637.50	8 453.40	8 492.47	8 893.73
(1.1,1.2,2.7)	8 693.43	9 937	8 983.67	8 410.60	8 568.40	9 191.20	8 573	9 636.67	8 453.40	8 494.33	8 894.17
(1.1,1.8,2.7)	8 679.60	9 933.67	8 985.50	8 412.73	8 571.73	9 191.57	8 573	9 643	8 453.40	8 490.33	8 893.45
(1.1,2.0,2.7)	8 676 83	9 933.67	8 981.83	8 412.20	8 573.90	9 191.57	8 575 17	9 637.20	8 453.40	8 492.47	8 892.82
(1.1,2.5,2.7)	8 676.83	9 933.67	8 981.83	8 412.20	8 571.73	9 191.57	8 575. 17	9 637.20	8 453.33	8 492.47	8 892.60
#std	6.93	1.96	6.30	1.04	4.35	0.99	3.10	4.94	0.14	2.88	—

从表 4-20 中可以观察到,参数 γ_v 对 MSBTS 算法并不敏感。首先,不同组参数得到的结果在"#Avg"值方面非常相似。特别地,20 组参数中有 12 组在算例 G_4 上获得了相同的 f_{avg} 值。其次,每一列的"#std"值较小,说明列中显示的结果的标准差相对较低。Friedman 检验的 p 值为 0.633($>$0.05),再次证实了被测结果之间不存在显著差异。这一分析表明,区间(1.0,2.8)内的任何 γ_v 值都适用于 MSBTS 算法。

2. 哈希函数的错误率

当一个未访问的邻域解被哈希函数和相关的哈希向量错误地禁忌时,就会发生错误。为了计算哈希函数的错误率,在两个 SUKP 算例(1000_1000_0.10_ 0.75,1000_1000_0.15_ 0.85)上运行了 SBTS 过程中 10^4 次迭代。在搜索过程中,每一个遇到的解都被记录在一个 POP 集合中。使用计数器 c_1 来计数被哈希函数禁止(归类为禁忌)的解的数量。另一个计数器 c_2(错误计数器),如果该解不包含在 POP 中,则会加 1。那么错误率就由 c_2/c_1 得到。由此,通过实验来研究两个影响哈希函数错误率的因素:(1)哈希函数的长度 L;(2)哈希向量的个数。

长度 L 的作用是确保哈希向量足够长,能够记录采样的解。L 的适当设置既要避免内存溢出,又要将错误率保持在较低的水平。初步实验结果表明,较大的 L 值($>10^8$)会导致内存溢出。因此,本实验重点检查 L 在 $10^5 \sim 10^8$ 范围内的哈希向量的错误率。哈希向量长度 L 对基于解的禁忌搜索错误率的影响如图 4-15 所示,其中 SBTS 过程的迭代次数和对应的错误率分别显示在横轴和纵轴上。

图 4-15 显示,本算法在 $L=10^6 \sim 10^8$ 时,可以将错误率保持在一个较低的水平($<$0.07)。特别是当 L 等于 10^7 和 10^8 时,对应的曲线几乎重合,错误率保持在 0.02 以下。当 $L=10^5$ 时,随着迭代次数的增加,错误率急剧增加($>$0.5)。考虑到评估邻域解的时间复杂度为 $O(1)$,较大的 L 值不会显著影响计算时间,因此,区间$[10^6,10^8]$中的任意 L 值都是合适的(MSBTS 算法中用 $L=10^8$)。

哈希向量的作用是记录搜索过程中遇到的解,而哈希向量的数量可以显著影响错误率。接下来进行另一个实验,目的是分析使用 2 个或 3 个哈希向量时的错误率。如图 4-16 所示,在 10^4 次迭代中使用 2 个哈希向量时,SBTS 过程的错误率接近 0.9。在相同的迭代次数下,1 个哈希向量的错误率自然会高于 2 个哈希向量的错误率。相反,在 10^4 次迭代中使用 3 个哈希向量时,错误率非常低(<0.02)。因此,3 个哈希向量可以有效地识别之前遇到的解,这证明了在 MSBTS 算法中使用 3 个哈希向量是合理的。

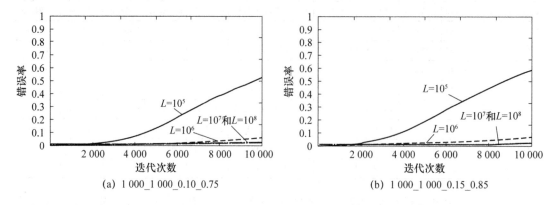

图 4-15　哈希向量长度 L 对基于解的禁忌搜索错误率的影响

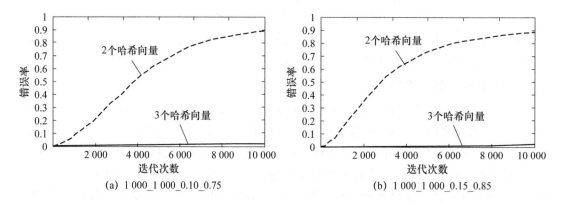

图 4-16　哈希向量的个数对基于解的禁忌搜索错误率的影响

3.基于解的禁忌搜索分析

基于解的禁忌搜索策略是 MSBTS 算法中最核心的模块。为了解它对算法的影响,创建了一个名为 MABTS 算法的 MSBTS 算法变种,MABTS 算法中基于解的禁忌搜索过程被基于属性的禁忌搜索[189]过程所取代。因此,除了禁忌搜索过程之外,MABTS 算法共享了 MSBTS 算法的其他模块。

考虑到本算法主要表现其在大型算例上的优越性,因此在集合Ⅱ上进行了这个实验,每个算例由每个算法独立求解 30 次,每次运行限制在 1 000 s。

实验结果如表 4-21 所示,其中第一列显示了算例的名称,两种算法的结果分别呈现在第 2 列到第 7 列,包括两种算法对应的最佳目标值(f_{best})、平均目标值(f_{avg})、30 次运行的标准差(std)。为了便于比较,表 4-21 中还记录了♯Avg、♯Best 和 p-value。

表 4-21 显示,MSBTS 算法显著优于 MABTS 算法,前者在 30 个算例中有 17 个算例获得了更好的 f_{best} 值,其余 13 个算例的结果与后者相同。在比较 f_{avg} 值时,MSBTS 算法在所有算例上的结果优于 MABTS 算法。而且,MSBTS 算法的 std 值非常小,说明 MSBTS 算法具有很高的鲁棒性。此外,较小的 p-value(<0.05)表明 MSBTS 算法与 MABTS 算法之间存在显著差异。这个实验证实了基于解的禁忌搜索策略是构成算法的一个关键组成部分。

表 4-21　MSBTS 算法和 MABTS 算法对集合 II 中算例的实验结果

Instance	MSBTS			MABTS		
	f_{best}	f_{avg}	std	f_{best}	f_{avg}	std
600_585_0.10_0.75	9 914	**9 914**	0	9 914	9 801.57	72.65
600_585_0.15_0.85	9 357	**9 357**	0	9 357	9 329.40	23.76
700_685_0.10_0.75	**9 881**	**9 881**	0	9 841	9 814.37	34.83
700_685_0.15_0.85	**9 163**	**9 163**	0	9 135	9 126.67	14.16
800_785_0.10_0.75	**9 937**	**9 937**	0	9 811	9 679.73	61.37
800_785_0.15_0.85	9 024	**8 992.83**	27.25	9 024	8 892.53	51.21
900_885_0.10_0.75	**9 725**	**9 725**	0	9 611	9 503.63	53.57
900_885_0.15_0.85	**8 620**	**8 576.07**	27.14	8 499	8 459.87	26.51
1000_985_0.10_0.75	**9 689**	**9 631.60**	28.92	9 580	9 411.37	58.09
1000_985_0.15_0.85	**8 455**	**8 453.20**	0.60	8 448	8 359.30	106.74
600_600_0.10_0.75	10 524	**10 524**	0	10 524	10 519.67	3.54
600_600_0.15_0.75	9 062	**9 062**	0	9 062	9 058.20	11.40
700_700_0.10_0.75	9 786	**9 786**	0	9 786	9 770.20	37.93
700_700_0.15_0.85	**9 229**	**9 229**	0	9 177	9 145.20	30.65
800_800_0.10_0.75	9 932	**9 932**	0	9 932	9 734.87	64.12
800_800_0.15_0.85	**9 101**	**9 101**	0	8 956	8 907.10	14.88
900_900_0.10_0.75	**9 745**	**9 745**	0	9 660	9 629.20	36.02
900_900_0.15_0.85	**8 990**	**8 990**	0	8 916	8 911.03	17.49
1000_1000_0.10_0.75	**9 551**	**9 551**	0	9 357	9 269.87	92.10
1000_1000_0.15_0.85	**8 538**	**8 500.37**	28.65	8 381	8 282.20	73.08
585_600_0.10_0.75	10 393	**10 393**	0	10 393	10 325.43	34.75
585_600_0.15_0.85	9 256	**9 256**	0	9 256	9 256	0
685_700_0.10_0.75	10 121	**10 121**	0	10 121	9 944.10	59.12
685_700_0.15_0.85	9 176	**9 176**	0	9 176	9 144.97	31.29
785_800_0.10_0.75	9 384	**9 384**	0	9 384	9 229.37	93.68
785_800_0.15_0.85	**8 746**	**8 693.43**	40.00	8 663	8 526.57	59.71
885_900_0.10_0.75	**9 318**	**9 318**	0	9 232	9 158.57	40.38
885_900_0.15_0.85	8 425	**8 413.80**	7.33	8 425	8 276.07	42.39
985_1000_0.10_0.75	**9 234**	**9 192.53**	14.12	9 193	9 030.77	54.53
985_1000_0.15_0.85	**8 612**	**8 579.50**	32.50	8 461	8 384.43	75.03
#Avg	**9 362.93**	**9 352.61**	6.88	9 309.17	9 229.41	45.83
#Best	**30**	**30**	—	13	0	—
p-value	2.93e−4	2.563e−06	—	—	—	—

4. 总结

SUKP 由于其理论和现实意义,近年来受到越来越多的关注。基于解的禁忌搜索已经成功地被应用于解决几个困难的二元优化问题,受到这一事实的启发,设计了首个多起点基于解的禁忌搜索算法来求解 SUKP。MSBTS 算法利用其基于解的禁忌搜索过程找到高质量的局部最优解,并利用多次重启机制克服了深度局部最优陷阱。MSBTS 算法具有设计简单、实现简单、无需参数调优等几个显著特点。在实验中利用两组(60 个)基准算例对 MSBTS 算法进行了广泛的实验评估,与最先进算法的比较表明,MSBTS 算法在求解质量、计算效率和鲁棒性方面具有很强的竞争力。MSBTS 算法善于处理大规模算例,实验中得到了 7 个大规模困难算例(包含 585~1 000 个物品和元素)的新的下界。这项工作为解决集合联盟背包问题提供了一个有用的工具。此外,由于 SUKP 可以方便地表述许多现实世界的应用,因此 MSBTS 算法有望应用于这些实际问题。最后,这项工作为使用基于解的禁忌搜索策略解决二元问题提供了一个支持性证据。因此,验证 MSBTS 算法在其他问题(包括那些与背包有关的问题)上的有效性将是未来有意义的研究方向。

## 第 5 章

求解冲突约束背包问题

如第 2 章所述,基于对以往已提出的求解冲突约束背包问题(DCKP)的算法的分析,本章提出两种高效求解算法,即基于阈值搜索的模因算法与响应式策略振荡搜索算法,这两种算法在冲突约束背包问题的解决中具有极大潜力,可以通过引入新的搜索策略和算法思想,提升解的质量和搜索效率,为解决 DCKP 提供新的思路和方法。

5.1　现有求解算法综述

在过去的二十年中,DCKP 引起了广泛的关注。本节回顾求解 DCKP 的相关文献。现有的求解方法大致可以分为以下两类。

5.1.1　精确算法和近似算法

这些算法能够保证它们找到的解的质量。Yamada 等人[134]引入 DCKP 并提出第一个隐式枚举算法,该算法松弛了冲突约束。Hifi 和 Micrafy[137]介绍了基于局部约简策略的精确算法的三个版本。Pferschy 和 Schauer[140]提出了求解 DCKP 的三种特殊情况的伪多项式时间算法,证明了 DCKP 在完美图上是强 NP 困难的。Ben Salem 等人[138]开发了一种将贪婪团生成与分离过程相结合的分支切割算法。Bettinelli 等人[135]提出了一种分支定界算法,将考虑容量约束和冲突约束的上界过程与采用动态规划求解 0-1 KP 的分支过程相结合,生成了 4 800 个冲突图密度在 0.001 到 0.9 之间的 DCKP 算例。Pferschy 和 Schauer[141]采用了近似方法对 DCKP 进行求解,并展示了其在几类特殊算例上的结果。Gurski 和 Rehs[139]设计了一种动态规划算法,实现了 DCKP 的伪多项式时间求解。Coniglio 等[136]引入了 1 440 个新的具有挑战性的 DCKP 算例,提出了另一种基于 n-ary 分支方案的分支定界算法,并通过 CPLEX 求解器进行求解。

5.1.2　启发式算法

这类算法的目标是在给定的时间内找到高质量的近似最优解。Yamada 等人[134]提出了一种贪婪算法来生成初始解,并提出了一种 2-opt 邻域搜索算法来改进得到的解。Hifi 和 Michrafy[192]生成了一组(50 个)DCKP 算例,包含 500 和 1 000 个物品,同时提出了一种局部搜索算法,该算法结合了一种补充的构造过程和一种退化过程来分别改进初始解和实现搜索的扩散性。后来,Hifi 和 Otmani[193]研究了两种分散搜索算法。Hifi[194]设计了一种基于迭代舍入搜索的算法,该算法使用舍入策略对分数变量进行线性松弛。Salem 等人[195]设计了一种概率禁忌搜索算法(Probabilistic Tabu Search Algorithm,PTS),以概率的方式探索多个邻域。同年,Quan 和 Wu 设计了一组(50 个)新的 DCKP 大算例,包含 1 500 和 2 000 个物品,同时研究了两种并行算法:并行邻域搜索算法(Parallel Neighborhood Search Algorithm,PNS)[196]和协作并行自适应邻域搜索算法(Cooperative Parallel Adaptive Neighborhood Search Algorithm,CPANS)[197]。

已有的研究为更好地解决 DCKP 做出了重要贡献。根据文献报道的计算结果,并行邻域搜索算法[196]、协作并行自适应邻域搜索算法[197]和概率禁忌搜索算法[195]可以看作针对 100 个集合 Ⅰ 算例的已知最好方法。Bettinelli 等人[135]和 Coniglio 等人[136]提出的分支定界算法以及 CPLEX 求解器求解的整数线性规划模型可以看作针对 6 240 个集合 Ⅱ 算例的已知最好方法。

5.2　基于阈值搜索的模因算法

本节提出基于阈值搜索的模因算法(Threshold Search Based Memetic Algorithm,TSBMA)来推进探索 DCKP 的求解方案。具体而言,本节提出求解 DCKP 问题的模因算法框架[198],并定制化地设计基于阈值的局部搜索模块和交叉算符。阈值搜索过程中,通过寻找高质量的局部最优解来保证强化搜索效果,通过专用的交叉算符产生了有前途的子代解。该算法还使用了兼顾距离和质量的策略进行种群管理,避免了复杂的参数调优任务。

为准确科学地评估算法的性能,使用求解文献中的两组(6 340)个 DCKP 基准算例。结果表明,对于通常由启发式算法测试的集合 Ⅰ(最优性仍未知)的 100 个算例,算法发现了 24 个新的已知最优结果(新的下界),这些结果与几乎所有其他已知最优结果相当。对于用精确算法测试的 6 240 个集合 Ⅱ 算例,算法在最优值未知的困难算例上找到了 354 个改进的最佳下界,并在剩余的大多数算例上获得了已知的最优结果。为了证明该方法的实用性,本节将该算法应用于法国对地观测卫星(SPOT5)的日常照片调度问题。

5.2.1　算法框架与具体内容

1. 算法框架

本节介绍的求解 DCKP 的基于阈值搜索的模因算法是一种基于种群的算法,结合了进化搜索和局部优化的思想。本节首先介绍该算法的一般过程,然后描述其组成部分。

TSBMA 依赖于通用模因算法框架[198],并遵循"Memetic algorithms in discrete optimization"[199]中推荐的设计原则。TSBMA 流程图及其伪代码分别如图 5-1 和算法 5-1 所示。

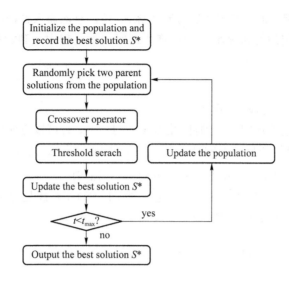

图 5-1　TSBMA 算法流程图

算法 5-1　Main Framework of Threshold Search Based Memetic Algorithm for DCKP

1：　**input**：Instance I，cut-off time $t_{\max}$，population P，the maximum number of iterations IterMax，neighborhoods N_1，N_2，N_3.

2：　**output**：The overall best solution found S^*.

3：　$S^* \leftarrow \varnothing$ 　　　　　　　　　　 /* Initialize S^*，$f(S^*)=0$ */

4：　POP$=\{S^1,\cdots,S^{|P|}\} \leftarrow$ Population_Initialization(I)

5：　$S^* \leftarrow$ argmax $\{f(S^k)\,|\,k=1,\cdots,p\}$

6：　**while** Time $\leqslant t_{\max}$ **do**

7：　　Randomly pick two solutions S^i and S^j from the population POP

8：　　$S^0 \leftarrow$ Crossover_Operators(S^i,S^j)

9：　　$S_b \leftarrow$ Threshold_Search$(S^0,N_{1-3},$IterMax$)$

　　　　/* Record the best solution S_b found during threshold search */

10：　**if** $f(S_b)>f(S^*)$ **then**

11：　　$S^* \leftarrow S_b$ 　/* Update the overall best solution S^* found so far */

12：　**end if**

13：**end while**

14：**return** S^*

　　该算法首先从一组由种群初始化过程(算法 5-1,第 4 行)生成的高质量可行解开始,整体最佳解被识别并记录为 S^*(算法 5-1,第 5 行)。其次算法进入主 while 循环(算法 5-1,第 6~13 行),执行一系列搜索过程,在每一代中,交叉算子随机选择并使用两个父代解来创建一个子代解(算法 5-1,第 7 和 8 行)。然后算法调用阈值搜索过程对 N_1、N_2 和 N_3 三个邻域(算法 5-1,第 9 行)进行局部优化,在有条件地更新整体最佳解 S^* 之后,应用基于多样性的种群更新策略决定阈值搜索中发现的最佳解 S_b 是否应该插入种群(算法 5-1,第 10~12 行)。最后,当达到给定的时间限制 t_{max} 时,算法返回搜索过程中找到的整体最优解 S^* 并终止(算法 5-1,第 14 行)。

2. 具体内容

1) 解表示、搜索空间和评估函数

DCKP 是一个子集选择问题。因此,集合 $V=\{1, \cdots, n\}$ 可以方便地用二进制向量 $S=(x_1, \cdots, x_n)$ 表示,这样,如果选择物品 i,则 $x_i=1$,否则 $x_i=0$。同样,S 也可以表示为 $S=<A, \bar{A}>$,使得 $A=\{q: x_q=1 \text{ in } S\}, \bar{A}=\{p: x_p=0 \text{ in } S\}$。

设 $G=(V, E)$ 为给定的冲突图,C 为背包容量,TSBMA 在满足冲突约束和背包约束的前提下,探索了以下可行的搜索空间 Ω^F:

$$\Omega^F = \left\{ x \in \{0,1\}^n : \sum_{i=1}^n w_i x_i \leqslant C; x_i + x_j \leqslant 1, \forall \{i,j\} \in E, 1 \leqslant i, j \leqslant n, i \neq j \right\}$$

(5-1)

其中,Ω^F 中解 S 的质量由 DCKP 的目标函数值 $f(S)$ 决定。

2) 种群初始化

如算法 5-2 所示,TSBMA 分两步构建种群 P 中的初始解。第一步,它随机地将每个未被选中的物品添加到单个解 $S^i(i=1, \cdots, |P|)$ 中,直到达到背包的容量,同时保持满足冲突约束(算法 5-2,第 5 行)。第二步,为了获得较好质量的初始解,TSBMA 通过一个快速终止的阈值搜索过程(算法 5-2,第 6 行)在较短时间内快速改进解 S^i(算法 5-2,第 6 行),其最大连续迭代次数 IterMax$=2n$,其中 n 是算例中的物品个数。当生成 $|P|$ 个初始解并将其添加到种群 P 中时,种群初始化过程终止。

算法 5-2   Population Initialization Procedure

1: **input**:Instance I, population $|P|$,   maximum number of iterations IterMax, neighborhoods N_1, N_2, N_3.

2: **output**:Initial population P.

3:   $0 \leftarrow i$

4: **while** $i \leqslant |P|$ **do**

5:     $S^i \leftarrow$ Random_Initial(I)

6:     $S^i \leftarrow$ Threshold_Search$(S^i, N_{1-3}, \text{IterMax})$

7:     Add the improved solution S^i into the population P

8:     $i \leftarrow i+1$

9: **end while**

10: **return** P

需要注意的是,总体规模 $|P|$ 是根据给定算例的候选物品数量 n 来确定的,即 $|P|=n/100+5$。这一策略基于两个考虑因素:首先,由于 TSBMA 足够强大,可以解决小规模的算例,因此较小的总体规模有助于减少初始化时间;其次,规模大的算例更具挑战性,更大的

种群规模有助于搜索的多样化。

3）使用阈值搜索进行局部优化

TSBMA 的局部优化过程依赖于阈值搜索技术[200]。为了探索一个给定的邻域，该方法同时接受改进的或更差的邻域解，只要邻域解满足一个给定目标函数值的阈值即可。该方法已经成功地解决了几个背包问题，例如：二次多重背包问题[120]、多约束背包问题[201]、多项选择背包问题[202]和其他组合优化问题[203, 204]。在求解 DCKP 时，TSBMA 采用在操作禁止机制的多邻域阈值搜索策略。

（1）阈值搜索算法主要模块

如算法 5-3 所示，阈值搜索过程（Threshold Search Procedure，TSP）从一个输入解和 3 个空哈希向量开始，用于实现操作禁止机制（算法 5-3，第 3～5 行）。然后，迭代式地探索 3 个邻域，以改进当前解 S。具体来说，对于每个"while"迭代（算法 5-3，第 9～24 行），TSP 以一种确定的次序探索邻域 N_1、N_2 和 N_3。如果邻域解满足目标函数值阈值 T，即 $f(S')$ 大于或等于 T，则立即接受任何发现的非禁止邻域解 S'，即 $H_1[h_1(S')] \wedge H_2[h_2(S')] \wedge H_3[h_3(S')] = 0$。然后，记录当前发现的最好解 S_b，并更新哈希向量以记录找到的最好解，在后续搜索过程中禁止再次返回这个解（算法 5-3，第 18～20 行）。当邻域 N_1、N_2 和 N_3 中不存在可接受的邻域解（不被禁止且满足阈值 T），或者在 IterMax 连续迭代中不能进一步改进最好解 S_b 时，主搜索（"while"循环）终止。其中，目标函数值阈值 T 由 $f(S_b) - n/10$（n 为每个算例的物品数）自适应地确定，并将 IterMax 设置为 $(n/500 + 5) \times 10\,000$。

算法 5-3　Threshold Search Procedure

1：　**input**：Input solution S^0, threshold T, the maximum number of iterations IterMax, hash vectors H_1, H_2, H_3, hash functions h_1, h_2, h_3, length of hash vectors L, neighborhoods N_1, N_2, N_3.

2：　**output**：The best feasible solution S_b found by threshold search procedure.

3：　**for** $i \leftarrow 0$ **to** $L-1$ **do**

4：　　$H_1[i] \leftarrow 0; H_2[i] \leftarrow 0; H_3[i] \leftarrow 0;$ / * Initialization of hash vector * /

5：　**end for**

6：　$S_b \leftarrow S^0$　　　　　　　　　　/ * S_b records the best solution found * /

7：　$S \leftarrow S^0$　　　　　　　　　　　/ * S records the current solution * /

8：　iter $\leftarrow 0$

9：　**while** iter$\leqslant$IterMax **do**

10：　　/ * Examine the neighborhoods $N_1(S), N_2(S), N_3(S)$ in a token-ring way * /

11：　　**for** Each non-prohibited S' of $N_1(S)$ or $N_2(S)$ or $N_3(S)$ **do**

12：　　　**if** $f(S') \geqslant T$ **then**

13：　　　　$S \leftarrow S'$

14：　　　　/ * Update the hash vectors with S^* * /

　　　　　　$H_1[h_1(S)] \leftarrow 1; H_2[h_2(S)] \leftarrow 1; H_3[h_3(S)] \leftarrow 1$

15：　　　　**break**

16：   **end if**

17：   **end for**

18： **if** $f(S) > f(S_b)$ **then**

19： $S_b \leftarrow S$ /* Update the best solution S_b found during threshold search */

20：   iter $\leftarrow 0$

21： **else**

22：   iter $\leftarrow$ iter$+1$

23： **end if**

24： **end while**

25： **return** S_b

（2）邻域及其探索

TSP 通过探索由移动算子确定的 3 个邻域来检查候选解：添加（add）、交换（swap）和删除（drop）算子。设 S 是当前解，mv 是其中一个算子。用 $S' = S \oplus$ mv 表示通过将 mv 应用于 S 和 $N_x (x=1,2,3)$ 得到的邻域和可行邻域解。为了避免对前景不佳的邻域解进行检查，TSP 采用了动态邻域过滤策略，其灵感来自参考文献[26]和[167]。设 S' 为当前正在检查的邻域解，S_c 为当前邻域检查中遇到的最佳邻域解。如果 S' 不比 S_c 好（$f(S') \leqslant f(S_c)$），则将 S' 排除在外。通过消除无前途的邻域解，TSP 提高了邻域搜索的效率。

由添加、交换和丢弃确定的相关邻域定义如下。

① add(p)：这个移动算子从集合 $\bar{A}$ 中将选中的物品集合 A 扩展出一个非选中的物品 p，这样得到的邻域解是可行的。这个算子用于推导出邻域 N_1。

$$N_1(S) = \{S' : S' = \oplus \text{add}(p), p \in \bar{A}\} \tag{5-2}$$

② swap(q,p)：这个移动算子交换一对物品（q, p），其中物品 q 属于选定的物品集 A，p 属于非选中的物品集 $\bar{A}$，这样产生的邻域解是可行的。这个算子用于推导出邻域 N_2。

$$N_2(S) = \{S' : S' = \oplus \text{swap}(q,p), q \in A, p \in \bar{A}, f(S') > f(S_c)\} \tag{5-3}$$

③ drop(q)：该算子将一个选定的物品 q 从集合 A 移到非选定的物品集合 $\bar{A}$，由此推导出邻域 N_3。

$$N_3(S) = \{S' : S' = S \oplus \text{drop}(q), q \in A, f(S') > f(S_c)\} \tag{5-4}$$

可以注意到，add 算子总是通过添加一个合法的物品得到一个更好的解，因此对于 N_1 不需要邻域过滤；drop 算子总是使当前解的质量变差，而使邻域解的可行性总是得到保证；swap 算子可以增加或减少目标值，但需要验证邻域解的可行性。对于 N_2 和 N_3，邻域过滤排除了在 TSP 中不能被接受的解。

TSP 依次检查邻域 N_1、N_2 和 N_3，以探索不同的局部最优解。对于 N_1，只要存在一个非禁止的邻域解，TSP 就会选择这样一个邻域解来替换当前的邻域解。一旦 N_1 变为空，TSP 就移动到 N_2。如果存在满足 $f(S')$ 大于或等于 T 的非禁止邻域解 S'，则 TSP 选择 S' 作为当前解，并立即返回邻域解 N_1。当 N_2 变为空时，TSP 继续对 N_3 进行搜索，并像 N_2 一样对 N_3 进行搜索。当 N_3 为空时，TSP 终止搜索并返回找到的最佳解 S_b。此外，如果 S_b

在 IterMax 连续迭代期间保持不变,TSP 就会终止。

（3）操作禁止机制

在 TSP 中,需要防止搜索重新访问以前遇到的解。为此,TSP 利用了一种基于禁忌列表策略的操作禁止（Operation-Prohibiting，OP）机制[205]。为了实现操作禁止机制,采用基于解的禁忌搜索技术[188]。具体而言,使用 3 个长度为 $L(|L|=10^8)$ 的哈希向量 $H_v(v=1,2,3)$ 来记录之前访问过的解。

给定解 $S=(x_1,\cdots,x_n)$ $(x_i\in\{0,1\})$,$W_i^1=i^{1.2}$,$W_i^2=i^{1.6}$, $W_i^3=i^{2.0}$,对每一物品 I 预先计算权重 $W_i^v(v=1,2,3)$。解 S 的哈希值由以下哈希函数 $h_v(v=1,2,3)$ 给出。

$$h_1(S)=\left(\sum_{i=1}^n\lfloor W_i^1\times x_i\rfloor\right)\bmod|L| \tag{5-5}$$

$$h_2(S)=\left(\sum_{i=1}^n\lfloor W_i^2\times x_i\rfloor\right)\bmod|L| \tag{5-6}$$

$$h_3(S)=\left(\sum_{i=1}^n\lfloor W_i^3\times x_i\rfloor\right)\bmod|L| \tag{5-7}$$

通过 $\mathrm{add}(p)$、$\mathrm{swap}(q,p)$ 或 $\mathrm{drop}(q)$ 算子,可以有效地计算出邻域解 S' 的哈希值。

$$h_v(S')=\begin{cases}h_v(S)+W_p^v, & \text{对应 }\mathrm{add}(p)\\ h_v(S)-W_p^v+W_p, & \text{对应 }\mathrm{swap}(q,p)\\ h_v(S)-W_p^v, & \text{对应 }\mathrm{drop}(q)\end{cases} \tag{5-8}$$

其中,$v=1,2,3$;W_q^v 和 W_p^v 是移动操作中涉及的 p 和 q 物品的预先计算的权重。

从哈希向量设为 0 开始,在接受新的邻域解 S' 替换当前解 S（算法 5-3,第 12~16 行）后,3 个哈希向量 $H_v(v=1,2,3)$ 中的对应位置被更新。对于每个候选邻域解 S',其哈希值 $h_v(S')$ $(v=1,2,3)$ 由式(5-8)在复杂度 $O(1)$ 内计算得到。然后,如果 $H_1[h_1(S')]\land H_2[h_2(S')]\land H_3[h_3(S')]=1$,则考虑该邻解 S' 被预先访问且被 TSP 禁止。

图 5-2 展示了操作禁止机制的一个例子[161]。在这个例子中,对给定的解 S 应用这 3 个哈希函数会得到哈希值 $h_1(S)=3$、$h_2(S)=1$ 和 $h_3(S)=5$。用这些哈希值检查 3 个哈希向量,表明 S 是一个被禁止的解,因为 $H_1[3]\land H_2[1]\land H_3[5]=1$。

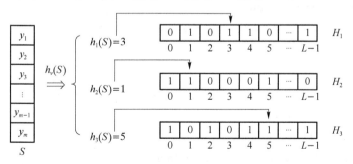

图 5-2 操作禁止机制的一个例子[161]

Hifi 和 Michrafy[192]采用了哈希表来区分具有相同目标值的解。这种方法明显不同于本算法的操作禁止机制,本算法使用哈希向量来记录 TSP 中遇到的所有解,而不仅仅是具有相同目标值的解。此外,本算法不需要设置另一个存储列表来防止重新搜索访问以前遇到的解。

4）交叉算子

交叉算子通常根据两个现有的解来创建新的子代解。对于 DCKP，采用 Double Backbone-based Crossover(DBC)算子的思想[206]进行求解。

给定 S^i 和 S^j 两个解，将 n 个物品的集合分为三个子集：公共物品集 $X_1 = S^i \cap S^j$、唯一物品集 $X_2 = (S^i \cup S^j) \setminus (S^i \cap S^j)$ 和不相关物品集 $X_3 = V \setminus (S^i \cup S^j)$。DBC 算子的基本思想是通过选择 X_1（第一个 backbone）中的所有物品和 X_2（第二个 backbone）中的一些物品，同时排除 X_3 中的物品，生成一个子代解 S^0。

如算法 5-4 所示，从两个随机选择的父解 S^i 和 S^j 中，DBC 算子分三步生成 S^0。首先，将所有变量 $x_a^0(a=1, \cdots, n)$ 设置为 0 来初始化 S^0（算法 5-4，第 3 行）。其次，识别公共物品集 X_1 和唯一物品集 X_2（算法 5-4，第 4~10 行）。最后，将所有属于 X_1 的物品添加到 S^0 中，并将 X_2 中的物品随机添加到 S^0 中，直到达到背包约束（算法 5-4，第 11~17 行）。注意，在交叉过程中，要保证满足背包和冲突约束。

由于 DCKP 是一个有约束的问题，TSBMA 采用的 DBC 算子具有几个特殊的特性来处理约束，这与 Zhou 等人[206]介绍的 DBC 算子不同。首先，本算法从唯一的物品集合 X_2 中随机选择一个物品，迭代地将一个物品添加到 S^0 中，直到达到背包约束，而 Zhou 等人[206]认为 X_2 中的每个物品的概率为 $p_0(0 < p_0 < 1)$。其次，与 Zhou 等人[206]使用修复操作来实现可行的子代解不同，本算法的 DBC 算子确保生成的子代解能满足约束。

算法 5-4 Double Backbone-based Crossover Operator

1: **input**：Two parent solutions $S^i = (x_1^i, x_2^i, \cdots, x_n^i)$ and $S^j = (x_1^j, x_2^j, \cdots, x_n^j)$.

2: **output**：An offspring solution $S^0 = (x_1^0, x_2^0, \cdots, x_n^0)$.

3: $S^0 \leftarrow \varnothing$ /* Initialize S^* (i.e., $f(S^o)=0$) */

4: **for** $a \leftarrow 1$ **to** n **do**

5:    **if** $x_a^i = 1$ and $x_a^j = 1$ **then**

6:      $X_1 \leftarrow a$ /* X_1 is the common items set */

7:    **else if** $x_a^i = 1$ or $x_a^j = 1$ **then**

8:      $X_2 \leftarrow a$ /* X_2 is the common items set */

9:    **end if**

10: **end for**

11: $S^0 \leftarrow X_1$ /* Add all items belonging to X_1 into S^0 */

12: Randomly shuffle all items in X_2；

13: **for** each $a \in X_2$ **do**

14:    **if** $S^0 \cup (x_a^0 = 1)$ is a feasible solution **then**

15:      $x_a^0 \leftarrow 1$ /* The second backbone */

16:    **end if**

17: **end for**

18: **return** S^0

5）种群更新

DBC 交叉算子获得新的子代解后,将通过阈值搜索过程对其进行进一步改进。然后采用基于多样性的种群更新策略[175]决定改进的子代解是否应该取代种群中的现有解。这种策略有利于平衡子代解的质量和与种群的距离。

为了完成这一任务,将改进的子代解插入种群,计算种群中任意两个解之间的距离(Hamming Distance),并按照 Lai 等人[175]提出的方法获得每个解的评分。最后,根据评分值确定总体中的最差解,并从总体中删除。

6）TSBMA 的时间复杂度

TSBMA 初始化过程包括两个步骤。给定一个具有 n 个物品的 DCKP 算例,第一步随机选择复杂度为 $O(n)$,即给定输入解 $S=<A,\bar{A}>$,TSP 一次迭代的复杂度为 $O(n+|A|\times|\bar{A}|)$。初始化过程的第二步可以在 $O((n+|A|\times|\bar{A}|)\times IterMax)$ 中实现,其中 IterMax 在初始化过程中被设置为 $2n$。因此,初始化过程的总体复杂度为 $O(n^3)$。现在考虑 TSBMA 的算法主循环中的四个过程:父代解选择、交叉算子、TSP 和种群更新。父代解选择过程可以在 $O(1)$ 内实现。交叉算子的复杂度为 $O(n)$。TSP 的复杂度是 $O((n+|A|\times|\bar{A}|)\times IterMax)$,因此,TSBMA 的主循环迭代一次的复杂度为 $O(n^2\times IterMax)$。

3. 讨论

TSBMA 基于通用的模因搜索和阈值搜索方法,并根据 DCKP 特征进行了定制化的设计。该算法的主要新颖之处在于阈值搜索过程的设计,它是第一个将通用的阈值搜索策略应用于 DCKP 的局部搜索过程的算法;它还采用了一种原创的邻域探索策略,该策略依赖邻域过滤技术来消除没有前途的邻域解,并利用基于哈希函数的禁止技术避免重新访问已经遇到过的解。同时,该算法通过采用专门设计的交叉算子来增强搜索能力,且该交叉算子能够应对 DCKP 的冲突约束。此外,还采取了以距离和质量为标准的种群管理策略,以保持种群的有效性。在两组(6 340 个)基准算例上的测试结果表明,综合了上述特征的 TSBMA 达到了现有算法无法比拟的高性能。TSBMA 得到了一些算例的新下界,这对未来的 DCKP 研究是有价值的。

此外,TSBMA 在解决现实生活问题方面有实用价值,如在 5.2.3 节中介绍的用 TSBMA 求解地球观测卫星(SPOT5)的每日照片调度问题(Daily Photograph Scheduling Problem,DPSP)。这个应用可以表述为一个包含逻辑约束的背包问题,此问题的核心数学模型与 DCKP 密切相关,因此可以用 TSBMA 进行求解。在 21 个 DPSP 基准算例集上的计算结果表明,TSBMA 可以找到最优解或与由专门为 DPSP 设计的特定算法得到的已知最好解接近的解。

5.2.2　实验结果与比较

本节通过进行大量的实验对 TSBMA 进行评估,并与目前最先进的 DCKP 算法进行比较,报告两组(6 340 个)基准测试算例的计算结果。

1. 算例

实验中测试的 DCKP 基准算例在文献中被广泛使用,可以分为两组,集合 I 的 100 个

DCKP 算例和集合 II 的 6 240 个 DCKP 算例的主要特征分别如表 5-1 和表 5-2 所示。

表 5-1 集合 I 的 100 个 DCKP 算例的主要特征

Class	Total	n	C	η	Class	Total	n	C	η
1 I y	5	500	1 800	0.10	11 I y	5	1 500	4 000	0.04
2 I y	5	500	1 800	0.20	12 I y	5	1 500	4 000	0.08
3 I y	5	500	1 800	0.30	13 I y	5	1 500	4 000	0.12
4 I y	5	500	1 800	0.40	14 I y	5	1 500	4 000	0.16
5 I y	5	1 000	1 800	0.05	15 I y	5	1 500	4 000	0.20
6 I y	5	1 000	2 000	0.06	16 I y	5	2 000	4 000	0.04
7 I y	5	1 000	2 000	0.07	17 I y	5	2 000	4 000	0.08
8 I y	5	1 000	2 000	0.08	18 I y	5	2 000	4 000	0.12
9 I y	5	1 000	2 000	0.09	19 I y	5	2 000	4 000	0.16
10 I y	5	1 000	2 000	0.10	20 I y	5	2 000	4 000	0.20

表 5-2 集合 II 的 6 240 个 DCKP 算例的主要特征

Class	Total	n		C		η	
		Min	Max	Min	Max	Min	Max
C1	720	60	1 000	150	1 000	0.1	0.9
C3	720	60	1 000	450	3000	0.1	0.9
C10	720	60	1 000	1 500	10 000	0.1	0.9
C15	720	60	1 000	15 000	15 000	0.1	0.9
R1	720	60	1 000	150	1 000	0.1	0.9
R3	720	60	1 000	450	3 000	0.1	0.9
R10	720	60	1 000	1 500	10 000	0.1	0.9
R15	720	60	1 000	15 000	15 000	0.1	0.9
SC	240	500	1 000	1 000	2 000	0.001	0.05
SR	240	500	1 000	1 000	2 000	0.001	0.05

集合 I（100 个算例）：这些算例被分为 20 个子类，每个子类有 5 个算例，命名为 x I y，其中 $x=\{1,\cdots,20\}$，$y=\{1,\cdots,5\}$）。最初的 50 个算例（1 I y～10 I y）是在 2006 年提出的[192]，具有以下特点：物品数量 $n=500$ 或 1 000，容量 $C=1$ 800 或 2 000，密度 η 为 0.05～0.40。注意，密度由 $2m/(n^2-n)$ 确定，其中 m 是冲突约束的数量（冲突图的边的数量）。这些算例的物品权重 w_i 均匀分布在 $[1,100]$，利润 $p_i=w_i+10$。对于 2017 年提出的 11 I y～20 I y 算例子类[197]，物品数量 n 设置为 1 500 或 2 000，容量 C 设置为 4 000，密度 η 范围为 0.04～0.20。这些算例的商品权重 w_i 均匀分布在 $[0,1$ 400]，利润 $p_i=w_i+10$。

集合 II（6 240 个算例）：该算例集于 2017 年被提出[135]，并于 2020 年被扩充[136]。包括 4 个相关算例类 C1、C3、C10、C15（用 CC 表示）和 4 个随机算例类 R1、R3、R10、R15（用 CR 表示），物品数 n 为 60～1 000，容量 C 为 150～15 000，密度 η 为 0.10～0.90。这 8 个子类中的每一个都包含 720 个算例。对于稀疏图的相关算例类 SC 和随机算例类 SR，物品数 n 在

500～1 000 之间,容量 C 在 1 000～2 000 之间,密度 η 在 0.001～0.05 之间。这两个类都包含 240 个 DCKP 算例。关于这组算例的更多细节可以在 Coniglio 等人[136]的研究中找到。

2. 实验设置和参考算法

对于由启发式算法广泛测试的集合 I 的 100 个 DCKP 算例,采用 3 种最先进的启发式算法作为参考方法:并行邻域搜索算法(PNS)[196]、协作并行自适应邻域搜索算法(CPANS)[197]和概率禁忌搜索算法(PTS)[195]。由于 11 I y～20 I y 的其他 50 个算例是后来设计的,因此参考文献[195]只报告了 1 I y～10 I y 这 50 个算例的结果。对于集合 II 的6 240 个 DCKP 算例,到目前为止只用精确算法进行了测试,为了公平地对比分析算法的性能,本节引用 3 种最佳性能算法的结果:分支定界算法、CFS[136]以及由 CPLEX 求解器解决的整数线性规划模型[136]。

TSBMA 用 C++编写,并使用带有-O3 选项的 g++编译器编译。所有实验均在 Linux 操作系统下的 Intel Xeon E5-2670 处理器(2.5 GHz CPU,2 GB RAM)上进行。主要参考算法的结果分别在 CPANS 和 PNS 的 2×3.06 GHz Intel Xeon 处理器、PTS 的 3.2 GHz 和 4 GB RAM 的 Intel Pentium i5-6500 处理器和 CFS 的 3.00 GHz Intel Xeon E5-2695 处理器上得到。请注意,并行算法 PNS 和 CPANS 使用了 10～400 个处理器进行并行计算来获得结果。

表 5-3　TSBMA 的参数设置

参数	设置	描述	备注
$|P|$	$n/100+5$	种群规模	—
IterMax	$2n$	TSP 过程最大迭代次数	用于种群初始化
	$(n/500+5)\times 10\ 000$		用于局部搜索优化
T	$f(S_b)-n/10$	阈值	用于算例集合 I
	$\min P+\mathrm{rand}(20)$		用于算例集合 II

TSBMA 有 3 个参数,它们的值根据测试算例或搜索过程中达到的最佳目标值自适应确定。表 5-3 总结了参数设置,其中 n 为测试算例的物品数,$\min P$ 为算例的利润最小值,$f(S_b)$ 为 TSP 中找到的最优解的目标函数值。这些参数设置可以视为默认设置,在实验中保持不变。

对于集合 I 的 100 个 DCKP 算例,TSBMA 采用与参考算法(PNS、CPANS 和 PTS)相同的截止时间,即 1 000 s。注意,对于 11 I y～20 I y 算例,PNS 使用的限制要长得多,为 2 000 s。考虑到 TSBMA 的随机性,用不同的随机种子独立执行 20 次以求解每个算例。对于集合 II 的 6 240 个算例,其截止时间和 CFS 算法中一样,也设置为 600 s,重复运行的次数设置为 10。

3. 计算结果与比较

在本节中,首先在集合 I 的 100 个算例上对 TSBMA 与每个参考算法进行了比较,然后展示了各算法在集合 II 的 6 240 个 DCKP 算例上的结果。

1) 集合 I 的 100 个基准测试算例的比较结果

TSBMA 与各参考算法在集合 I 的 100 个算例上的 Wilcoxon 符号秩检验(显著水平 0.05)的结果如表 5-4 所示。列 1 表示进行对比的算法对;列 2 表示算例子类名;第 3 列是评估指标,包括最佳目标函数值(f_{best})和平均目标函数值(f_{avg})(文献中报道了平均结果)。为了分析算法的性能,进行 Wilcoxon 符号秩检验,以验证 TSBMA 与每个参考算法之间的比较结果(f_{best} 和 f_{avg})是否具有显著差异;列 4 和列 5 给出结果的附加秩和,其中 TSBMA 在性能指标方面表现得更好($R+$)或更差($R-$)。最后一列显示了 Wilcoxon 检验获得的 p-value 的结果,其中 NA 表示两组比较结果完全相同。

表 5-4　TSBMA 与各参考算法在集合 I 的 100 个算例上的 Wilcoxon 符号秩检验(显著性水平 0.05)的结果

Algorithm pair	Instance	Indicator	$R+$	$R-$	p-value
TSBMA vs. PTS	1 I y~10 I y (50)	f_{best}	8	0	1.40e−2
		f_{avg}	45	0	5.34e−9
TSBMA vs. PNS	1 I y~10 I y (50)	f_{best}	9	0	8.91e−3
	11 I y~20 I y (50)	f_{avg}	26	0	8.25e−6
TSBMA vs. CPANS	1 I y~10 I y (50)	f_{best}	0	0	NA
	11 I y~20 I y (50)	f_{avg}	29	0	2.59e−6

从表 5-4 中,可以观察到 TSBMA 可以在集合 I 的 100 个算例上达到与已知结果相同或更好的值。PTS 只报告了 1 I y 到 10 I y 的前 50 个算例的结果。与 PTS 相比,TSBMA 得到了 8(45)个更好的 f_{best}(f_{avg})值,同时匹配剩下的结果。与仅报告最佳值的两种并行算法(PNS 和 CPANS)相比,TSBMA 分别获得了 35 和 29 个最佳结果。TSBMA 与参考算法之间的 Wilcoxont 符号秩检验 p 值较小(<0.05),说明其性能差异具有统计学意义。最值得注意的是,TSBMA 在算例 11 I y~20 I y 上发现了 24 个新的下界。各算法在集合 I 的 100 个算例上的测试结果详见附录 A。

图 5-3 展示了 4 种比较算法在集合 I 的 100 个算例上的性能概况图(performance profiles)[207]。性能概况图可显示给定性能指标的累积分布,揭示算法在一组状态下的总体性能。在本案例中,由于文献中没有报道一些参考算法的 f_{avg},所以图 5-3 关注分析算法的 f_{best}。给定一组算法集合(求解器)A 和一个算例集 P,性能比由 $r_{p,s} = \dfrac{f_{p,s}}{\min\{f_{p,s}:S \in J\}}$ 给出,其中 $f_{p,s}$ 是通过算法 $s \in A$ 在算例 $p \in P$ 上的 f_{best} 值。图 5-3 中横轴和纵轴分别显示各算法的性能比和算例解算率。当横轴的值为 1 时,纵轴对应的值表示算法 s 能得到算法集合 A 中的最佳目标函数值的算例数的百分比。

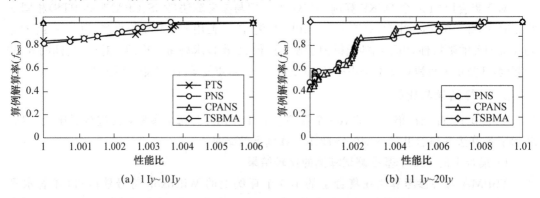

(a) 1 Iy~10 Iy　　　　　(b) 11 Iy~20 Iy

图 5-3　各算法在集合 I 的 100 个 DCKP 算例上的性能概况图

从图 5-3 中可以观察到,与参考算法相比,TSBMA 在集合 I 的 100 个基准算例上具有非常好的性能。如图 5-3(a)所示,对于 1 I y~10 I y 的 50 个算例,TSBMA 和 CPANS 能够在这 50 个算例上达到 100%的最佳值,而 PTS 和 PNS 在大约 15%的算例上无法达到最佳值。如图 5-3(b)所示,当考虑 11 I y~20 I y 这 50 个算例时,TSBMA 的算例解算率严格在 PNS 和 CPANS 之上,表明 TSBMA 性能在这 50 个算例上优于参考算法。因此,这些结果再次证实了 TSBMA 的高性能。

2)对集合 II 的 6 240 个基准测试算例的比较结果

Coniglio 等人[136]研究了 3 种 ILP 方式求解 DCKP,并在表 5-5 中报道了这些方法的最佳结果,即用 ILP_2 在算例 CC 和 CR(冲突图密度从 0.10 到 0.90)上得到的结果,以及用 ILP_1 在非常稀疏的算例 SC 和 SR(冲突图密度从 0.001 到 0.05)上得到的结果。表 5-5 的第 1 列和第 2 列标识了每个算例的类别以及该类的算例总数。第 3 列到第 5 列表示由 3 种参考算法求解得到最优的算例的数量。第 6 列显示了 TSBMA 得到的被精确算法证明是最优解的算例数量;TSBMA 发现的新下界(表 5-5 中的 new LB)的数量在第 7 列中显示。为了进一步评估算法的性能,在第 8 列~第 10 列中总结了 MSBTS 和参考算法 CFS 之间的比较结果。其中,♯Wins、♯Ties 和♯Losses 列分别表示 TSBMA 在相应算例子类上获得较好、相等和较差结果的算例数量。表 5-5 最后 3 行显示了每列结果的总结信息。

表 5-5 TSBMA 算法与 6 240 个 DCKP 算例上的每个参考算法的比较

Class	Total	$ILP_{1,2}$ Solved	BCM Solved	CFS Solved	TSBMA		TSBMA vs. CFS		
					Solved	New LB	♯ Wins	♯ Ties	♯ Losses
C1	720	**720**	**720**	**720**	**720**	0	0	720	0
C3	720	584	**720**	**720**	716	0	0	716	4
C10	720	446	552	**617**	**617**	**91**	91	629	0
C15	720	428	550	**600**	**600**	**117**	117	603	0
R1	720	**720**	**720**	**720**	717	0	0	717	3
R3	720	680	**720**	**720**	**720**	0	0	720	0
R10	720	508	630	**670**	669	**37**	37	681	2
R15	720	483	590	**622**	**622**	**78**	78	641	1
SC	240	**200**	109	156	195	**24**	70	165	5
SR	240	229	154	176	9	7	43	8	189
Total on CC and CR	5 760	4 569	5 201	5 389	5 381	323	323	5 427	10
Total on SC and SR	480	429	263	332	204	31	113	173	194
Grand total	6 240	4 998	5 424	5 721	5 585	354	436	5 600	204

从表 5-5 中可以观察到 TSBMA 在集合 II 的算例上的整体性能非常好。对于总量为 5 760 的 CC 和 CR 算例,TSBMA 达到了大多数已证明的最优解(5 389 中的 5 381 个),并发现了 323 个困难算例的新下界,然而这些算例的最优解仍然未知。对于 240 个非常稀疏的

SC 算例,TSBMA 达到了 200 个已证明的最优解中的 195 个,并为其余算例找到了 24 个新的下界。尽管 TSBMA 只成功解决了 229 个非常稀疏的 SR 算例中的 9 个,但它发现了 7 个新的下界。通过与最佳精确算法 CFS 的比较,进一步显示了 TSBMA 的高性能。

在两类非常稀疏的算例(SC 和 SR)上,基于 ILP_1 的 CPLEX 的性能优于 TSBMA 以及另外两种参考算法 BCM 和 CFS。正如 Coniglio 等人[136]所分析的,主要原因之一是 ILP_1 的 LP 松弛提供了非常强的上界,这使得 ILP_1 模型非常适合求解非常稀疏的算例。当冲突图非常稀疏时,冲突约束变得非常弱。对于这两类算例,基于分支定界的 CFS 算法在密度高达 0.005 的极端稀疏算例上更有效。相反,TSBMA 更适合求解密度在 0.01 和 0.05 之间的稀疏算例。事实上,TSBMA 发现的新下界都与密度为 0.05 的算例有关。TSBMA 在 240 个相关稀疏算例 SC 上具有优势,即令密度最小(0.001),这意味着只有随机稀疏算例类 SR 对 TSBMA 具有挑战性。

总之,TSBMA 在集合 II 的 6 240 个基准算例中的大多数算例上计算效率很高,并且能够在 354 个困难的 DCKP 算例上发现新下界,尽管这些算例的最优解仍然未知。

5.2.3　实际应用

为了证明 DCKP 模型和 TSBMA 的实用价值,本节展示如何应用该算法解决现实世界中 SPOT5 地球观测卫星的每日照片调度问题(DPSP)。

1. SPOT5 卫星拍照的背包问题

SPOT5 是法国国家航天局(CNES)研制的第五颗地球光学观测卫星,于 2002 年 5 月发射。简单来说,SPOT5 每天的照片调度问题是在由 SOPT5 拍摄的候选照片中选择一组照片,使所选照片的总利润最大化,同时满足背包约束(照片的存储容量)和大量物理约束(如不重叠照片、两次照相之间的最小过渡时间等)[208]。设 $P=\{\rho_1,\cdots,\rho_n\}$ 是 n 张候选照片的集合,包括黑白照片和彩色照片,其中每张照片 $\rho_i \in P$ 的利润为 $p_i>0(i=1,\cdots,n)$,权值为 $w_i>0$(内存消耗)。黑白照片可以由卫星的三个相机(前相机 1、中相机 2 和后相机 3)中的任何一个拍摄,而彩色照片只能由前后相机同时拍摄。合法的拍照时间表必须满足以下约束条件。

(1) 背包约束(C1):该约束表示在卫星上拍摄和记录的照片不能超过卫星记录内存的最大容量 Max_Capacity。

(2) 二元约束(C2):这些约束禁止两对(照片,相机)照相任务同时发生,并定义了两次照相不重叠和相机的两个连续照相之间的最小过渡时间,以及一些有关两对(照片,相机)照相任务的瞬时数据流的约束。

(3) 三元约束(C3):这些约束禁止三对(照片,相机)照相任务同时发生,并包含不能以二元约束(C3_1)的形式表示的瞬时数据流的限制。此外,对于单幅照片,定义了一个三元约束,以确保照片最多可以调度到一个相机(C3_2)上。

在 Vasquez 和 Hao[171]的研究中,DPSP 被表述为一个"逻辑约束"的 0/1 背包问题,这与 DCKP 高度相关,后者使用二进制变量表示一对(照片,相机)照相任务。令 $P=P_1 \cup P_2$,

其中 P_1 和 P_2 分别是黑白照片和彩色照片,设 $\rho \in P$ 是一个候选照片,如果 $\rho \in P_1$,则用(ρ, camera1)、(ρ, camera2)和(ρ, camera3)与三个二元变量相关联,以列举拍摄黑白照片的三种可能性;如果 $\rho \in P_2$,则用一个二元变量来表示彩色照片 ρ 的唯一拍摄可能性(ρ, camera13)。最后,一个照片调度可以用一个二进制向量 $x = (x_1, x_2, \cdots, x_l)$($l = 3|P_1| + |P_2|$)表示,其中,如果选择了相应的一对(照片,相机)照相任务,则 $x_i = 1$,否则 $x_i = 0$。

DPSP 对应于以下"逻辑约束"0-1背包问题[171]:

$$(SPOT5) \quad maximize \quad \sum_{i=1}^{l} p_i x_i \tag{5-9}$$

$$Subject \ to \quad \sum_{i=1}^{l} w_i x_i \leqslant max_{Capacity} \tag{C1}$$

$$x_i + x_j \leqslant 1, \quad \forall i, j \in \{1, \cdots, l\}, i \neq j \tag{C2}$$

$$x_i + x_j + x_k \leqslant 2, \quad \forall i, j, k \in \{1, \cdots, l\}, i \neq j \neq k \tag{C3\_1}$$

$$x_i + x_j + x_k \leqslant 1, \quad \forall i, j, k \in \{1, \cdots, l\}, i \neq j \neq k \tag{C3\_2}$$

$$x_i \in \{0, 1\}, \quad i = 1, \cdots, l \tag{5-10}$$

2. 将 DPSP 转化为 DCKP 模型求解

可以观察到,DPSP 在没有三元约束 C3_1 和 C3_2 的情况下,其"逻辑约束"0/1背包模型与 DCKP 是严格等价的。此外,考虑到每个 C3_2 三元约束 $x_i + x_j + x_k \leqslant 1$ 可以转换为三个二元约束,即 $x_i + x_j \leqslant 1$, $x_i + x_k \leqslant 1$, $x_j + x_k \leqslant 1$,从而可以将 DPSP 转换到 DCKP 模型中进行求解。

因此,为了通过 DCKP 模型求解 DPSP,采用以下策略。对于每个 DPSP 算例,应用 TSBMA 求解只考虑约束 C1、C2 和 C3_2 的 DPSP(此时 DPSP 与 DCKP 等价,可直接求解),暂时忽略三元约束 C3_1。如果 TSBMA 返回的最终解 S 不违反任何 C3_1 三元约束,则 S 是 DPSP 的可行解;否则,采用非常简单的两步修复过程来使解 S 满足 C3_1 约束。

当违反了 C3_1 约束 $x_i + x_j + x_k \leqslant 2$ 时,意味着 $x_i + x_j + x_k = 3$。因此,为了满足 C3_1 约束,第一步在 x_i, x_j, x_k 中确定利润值最小的变量,并将其值更改为零,即随机丢弃一对照相任务。因为第一步可释放背包的容量,所以第二步尝试使用释放的容量来容纳更多新的拍照任务。为此,在不违反任何约束的情况下,添加利润价值最大的照片,直到不能再添加照片或达到背包容量为止。

3. DPSP 基准测试算例上的计算结果

使用 CNES 提供的 21 个真实的 DPSP 基准算例[208]进行计算,这些算例已被用于测试许多精确算法和启发式算法[171,209-211]。在实验中,在每个 DPSP 算例上运行 TSBMA 10 次,每次运行停止 1 小时。计算结果如表 5-6 所示;第 1 列显示每个算例的名称,带星号的算例表示已知最优结果的算例[208];第 2 列给出每个算例的候选照片数量,即算例规模;第 3~5 列显示了每个算例中 C2、C3_1 和 C3_2 约束的数量;第 6 列给出了 Bensana 等人[208]报道的该问题的已知最好值(BKV),这些值最早是由参考文献[171]、[209]和[211]报道的。后 3 列表示 TSBMA 得到的最佳目标函数值 f_{best} 和平均目标函数值 f_{avg},以及 TSBMA 的最佳结果与 BKV 之间的 gap 值,其中 gap $= (f_{best} - BKV) / BKV$。

表 5-6　TSBMA 与 21 个真实算例的已知最好值(BKV)的比较结果

Instance	Photographs	Number of constraints			BKV	TSBMA		
		C2	C3_1	C3_2		f_{best}	f_{avg}	gap/%
8 *	8	17	0	4	10	**10**	10	0
54 *	67	389	23	29	70	**70**	69.6	0
29 *	82	610	0	19	12 032	**12 032**	12 031.4	0
42 *	190	1 762	64	57	108 067	**108 067**	108 067	0
28 *	230	6 302	590	58	56 053	**56 053**	56 053	0
5 *	309	13 982	367	250	115	111	107.4	−3.478
404 *	100	919	18	29	49	**49**	47.8	0
408 *	200	2 560	389	64	3 082	3 075	3 074.2	−0.227
412 *	300	6 585	389	122	16 102	16 094	16 092.4	−0.050
11 *	364	9 456	4 719	164	22 120	22 111	22 109.1	−0.041
503 *	143	705	86	58	9 096	**9 096**	8 994.6	0
505 *	240	2 666	526	104	13 100	13 096	12 995.4	−0.031
507 *	311	5 545	2 293	131	15 137	15 132	15 127.3	−0.033
509 *	348	7 968	3 927	152	19 215	19 113	19 110.6	−0.531
1401	488	11 893	2 913	213	176 056	170 056	167 960.5	−3.408
1 403	665	14 997	3 874	326	176 140	170 146	167 848.8	−3.403
1 405	855	24 366	4 700	480	176 179	168 185	167 882.4	−4.537
1 021	1 057	30 058	5 875	649	176 246	170 247	168 049.7	−3.404
1 502 *	209	296	29	102	61 158	**61 158**	61 158	0
1 504	605	5 106	882	324	124 243	124 238	124 135.5	−0.004
1 506	940	19 033	4 775	560	168 247	164 241	161 639.3	−2.381

表 5-6 显示 TSBMA 能够匹配 8 个已知最优解。对于其他 7 个已知最优解的算例,TSBMA 的结果非常接近最优解,只有非常小的 gap 值。在 C3_1 约束较多的大多数算例中,TSBMA 报告的 gap 值从 −2.381% 到 −4.537% 不等。这是因为 TSBMA 首先放松 C3_1 约束,然后只使用一个简单的过程来修复这些约束。这些结果可以被认为是有价值的,因为本节只是将为 DCKP 模型设计的 TSBMA 应用到这个现实问题中,该算法并不是为 DPSP 专门设计的算法。这个实际应用表明了 DCKP 模型和 TSBMA 的实际意义。

5.2.4　分析与总结

本节先分析 TSBMA 的两个基本组成部分(阈值搜索技术和操作禁止机制)的作用,然后作出总结。本节的研究基于集合 I 的 11 I y 到 20 I y 的 50 个基准测试算例。

1. 阈值搜索技术的重要性

TSBMA 首次采用了阈值搜索技术求解 DCKP。为了评估这一组成部分的重要性,将

TSBMA 与两个 TSBMA 变种进行比较，即将 TSP 替换为第一次改进下降过程（First-improvement Descent）和最佳改进下降过程（Best-improvement Descent），分别命名为 MA1 和 MA2。这两个算法变种在每次迭代中分别使用邻域内的第一个改进邻域解和最佳改进邻域解来替换当前解。在相同的实验设置下，通过运行两个 TSBMA 变种来解决 $11 \mathrm{I} y \sim$ $20 \mathrm{I} y$ 的 50 个算例。TSBMA 和两个 TSBMA 变种在 $11 \mathrm{I} y \sim 20 \mathrm{I} y$ 的 50 个 DCKP 算例上的性能概况图如图 5-4 所示，结果中包含了最佳目标函数值和平均目标函数值的算例解算率。

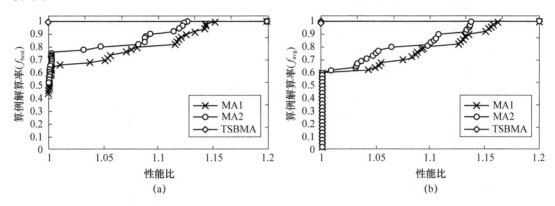

图 5-4 TSBMA 和两个 TSBMA 变种在 $11 \mathrm{I} y \sim 20 \mathrm{I} y$ 的 50 个 DCKP 算例上的性能概况图

从图 5-4 中，根据 f_{best} 和 f_{avg} 值得到的累积概率，可以清楚地观察到 TSBMA 性能优于 MA1 和 MA2。TSBMA 的算例解算率严格在 MA1 和 MA2 之上，说明 TSBMA 的表现总是优于两个变种。该实验表明了 TSBMA 的阈值搜索模块的有效性。

2. 操作禁止机制的贡献

TSBMA 的操作禁止机制（OP 机制）能够避免重新访问以前遇到的解。为了评估 OP 机制的有效性，通过禁用 OP 组件并保持其他组件不变的方式创建了一个 TSBMA 变种（由"TSBMA－"表示）。根据前文提到的实验设置，运行 TSBMA－来求解 $11 \mathrm{I} y \sim 20 \mathrm{I} y$ 的 50 个算例，结果如表 5-7 所示：第一列给出每个算例的名称，其余列显示最佳函数目标值（f_{best}）、平均函数目标值（f_{avg}）和标准差（std）；♯Avg 表示每一列的平均值，♯Best 表示算法在两组结果中获得最佳值的算例数量，而最后一行显示 Wilcoxon 符号秩检验的 p 值。

表 5-7 TSBMA－（没有 OP 机制）和 TSBMA（有 OP 机制）的测试结果

Instance	TSBMA－			TSBMA		
	f_{best}	f_{avg}	std	f_{best}	f_{avg}	std
$11 \mathrm{I} 1$	4 960	4 960	0	4 960	4 960	0
$11 \mathrm{I} 2$	4 940	4 940	0	4 940	4 940	0
$11 \mathrm{I} 3$	4 950	4 949.45	2.18	4 950	4 950	0
$11 \mathrm{I} 4$	4 930	4 924	4.42	4 930	4 930	0
$11 \mathrm{I} 5$	4 920	4 916.35	4.68	4 920	4 920	0
$12 \mathrm{I} 1$	4 685	4 676.95	4.99	4 690	4 687.65	2.22
$12 \mathrm{I} 2$	4 670	4 668.7	3.1	4 680	4 680	0

Instance	TSBMA−			TSBMA		
	f_{best}	f_{avg}	std	f_{best}	f_{avg}	std
12 I 3	4 690	4 685.45	4.2	4 690	4 690	0
12 I 4	4 680	4 669.8	6.36	4 680	4 679.5	2.18
12 I 5	4 670	4 664.5	4.57	4 670	4 670	0
13 I 1	4 525	4 511.2	8.55	4 539	4 534.8	3.6
13 I 2	4 521	4 509.25	7.29	4 530	4 528	4
13 I 3	4 520	4 515.4	4.55	4 540	4 531	3
13 I 4	4 520	4 507.1	6.94	4 530	4 529.15	2.29
13 I 5	4 530	4 513.65	6.51	4 537	4 534.2	3.43
14 I 1	4 429	4 413.55	7.41	4 440	4 440	0
14 I 2	4 420	4 413.55	4.47	4 440	4 439.4	0.49
14 I 3	4 420	4 415.2	4.7	4 439	4 439	0
14 I 4	4 420	4 412.4	4.57	4 435	4 431.5	2.06
14 I 5	4 420	4 413.85	4.27	4 440	4 440	0
15 I 1	4 359	4 346.15	5.06	4 370	4 369.95	0.22
15 I 2	4 359	4 344.1	6.22	4 370	4 370	0
15 I 3	4 359	4 341.85	6.54	4 370	4 369.25	1.84
15 I 4	4 350	4 341.05	7.78	4 370	4 369.85	0.36
15 I 5	4 360	4 346.1	5.47	4 379	4 373.15	4.29
16 I 1	5 020	5 013.75	4.93	5 020	5 020	0
16 I 2	5 010	5 003.3	5.6	5 010	5 010	0
16 I 3	5 020	5 010.65	5.33	5 020	5 020	0
16 I 4	5 020	5 008.95	8.24	5 020	5 020	0
16 I 5	5 060	5 052.85	8.37	5 060	5 060	0
17 I 1	4 730	4 707.5	7.51	4 730	4 729.7	0.64
17 I 2	4 716	4 704.5	6.27	4 720	4 719.5	2.18
17 I 3	4 720	4 705.1	6.68	4 729	4 723.6	4.41
17 I 4	4 722	4 701.2	9.68	4 730	4 730	0
17 I 5	4 720	4 706.2	8.37	4 730	4 726.85	4.5
18 I 1	4 555	4 539.75	6.31	4 568	4 565.8	3.4
18 I 2	4 540	4 532.2	4.64	4 560	4 551.4	3.01
18 I 3	4 570	4 545.2	8.58	4 570	4 569.4	2.2
18 I 4	4 550	4 539.3	6.75	4 568	4 565.2	3.12
18 I 5	4 550	4 542.5	5.32	4 570	4 567.95	3.46
19 I 1	4 432	4 424.65	4.71	4 460	4 456.65	3.48
19 I 2	4 443	4 430.85	6.06	4 460	4 453.25	4.17

续 表

Instance	TSBMA−			TSBMA		
	f_{best}	f_{avg}	std	f_{best}	f_{avg}	std
19 I 3	4 440	4 428.15	6.01	4 469	4 462.05	4.04
19 I 4	4 450	4 431.25	5.63	4 460	4 453.2	3.89
19 I 5	4 449	4 435.65	5.42	4 466	4 460.75	1.61
20 I 1	4 364	4 358.95	2.8	4 390	4 383.2	3.36
20 I 2	4 360	4 356.85	4.25	4 390	4 381.8	3.78
20 I 3	4 370	4 360.45	5.11	4 389	4 387.9	2.77
20 I 4	4 370	4 359.75	5.78	4 389	4 380.4	1.98
20 I 5	4 366	4 357.45	4.78	4 390	4 386.4	4.05
♯ Avg	4 603.08	4 593.13	5.56	4 614.14	4 611.83	1.8
♯ Best	15/50	2/50	—	50/50	50/50	—
p-values	2.51e−7	1.68e−09	—	—	—	—

3. 总结

冲突约束背包问题是一个著名的 NP 困难问题模型。鉴于该问题的现实意义和难度，学者们已提出多种精确算法和启发式算法来求解该问题。本节提出了基于阈值搜索的模因算法 TSBMA，首次将阈值搜索与模因算法框架相结合。TSBMA 的主要新颖之处在于阈值搜索过程的设计，它依赖于 3 个互补的邻域和 1 个本节原创的邻域探索策略。同时，TSBMA 中还设计了专用的交叉算子和基于距离和质量的种群更新策略，进一步提升算法性能。

对文献中 6 340 个算例进行测试，结果说明，TSBMA 与最先进的算法相比具有竞争力。TSBMA 能够从集合 I 的 100 个算例中发现 24 个新下界，从集合 II 的 6 240 个算例中发现 354 个新下界。这些新下界对 DCKP 研究很有帮助。该算法在剩余的大多数算例上也能获得已知的最优结果。同时，进行了额外的实验来研究 TSBMA 的两个主要成分（阈值搜索技术和操作禁止机制）。冲突约束背包问题是一个很有用的模型，可用于表述许多实际应用。除此之外，本节展示了 TSBMA 的一个实际应用，即解决现实生活中的地球观测卫星 SPOT5 的日常照片调度问题。

未来的工作至少有两个可能的方向。首先，TSBMA 在 SR 的随机稀疏算例上表现很差，因此如何改进算法以更好地求解这类算例是值得研究的。其次，考虑到 TSBMA 的良好性能，值得研究用其思想求解相关的优化问题，如多重背包问题[212]、带有设置的背包问题（Knapsack with Setups）[213]和多重非线性可分背包问题（Multiple Non-linear Separable Knapsack）[214]。

5.3 响应式策略振荡搜索算法

本节提出的响应式策略振荡搜索算法的设计动机有三个。第一，策略振荡（Strategic

Oscillation，SO)搜索框架已经被用于解决多种约束优化问题。第二，阈值搜索方法已被证明是求解 DCKP 的非常成功的方法[35]。第三，现有的 DCKP 求解算法只探索了可行域搜索空间。本节将阈值搜索(用于检查可行域)和策略振荡框架(用于检查可行域和不可行域)与原创的响应过滤策略集成在一起，为 DCKP 创建有效的求解算法。

5.3.1 算法框架与具体内容

1. 算法框架

本节提出的响应式策略振荡搜索算法(Responsive Strategic Oscillation Search Algorithm，RSOA)利用局部搜索过程在可行域内发现高质量的局部最优解，并利用响应式策略振荡搜索过程将搜索范围扩大到不可行域，从已发现的可行局部最优解中寻找更好的解。当搜索被困在深度局部最优时，应用基于频率的扰动程序将搜索引导到未知的新搜索区域，从那里开始新一轮可行域搜索和策略振荡搜索。RSOA 的主要框架如算法 5-5 所示。

算法从随机初始化过程生成的可行初始解(算法 5-5，第 3 行)开始。在更新整体最佳解 S^* (算法 5-5，第 4 行)后，搜索进入算法的主循环(算法 5-5，第 5～13 行)。循环的每次迭代首先初始化频率计数器(长度为 n 的向量 F)(算法 5-5，第 6 行)，其中 F_i 用于记录每个物品 i 在发现的不可行解中出现的频率。然后运行可行局部搜索程序(算法 5-5，第 7 行)以发现高质量的局部最优解。在此之后，搜索依次检查 3 个邻域 N，只要后者满足给定的目标函数阈值，则用非禁止的邻域解 S' 替换当前解 S。在可行局部搜索程序达到最大迭代次数 I_{max1} 后，开始响应式振荡策略搜索程序(算法 5-5，第 8 行)以探索可行和不可行区域。采用响应式过滤策略，以确保搜索只访问有希望的区域。在按条件更新迄今为止发现的最佳解 S^* (算法 5-5，第 9～11 行)后，将 RSOA 应用基于频率计数器 F 的基于频率的扰动过程(算法 5-5，第 12 行)来获得一个新的起始解，用于下一轮可行域搜索和响应性策略振荡搜索。当到达给定的截止时间 t_{max} 时，算法停止。

算法 5-5 Responsive Strategic Oscillation Search

1： **input**：Instance I，cut-off time t_{max}，maximum number of iterations of feasible local search I_{max1}，maximum number of iterations of strategic oscillation search I_{max2}，a set of neighborhoods N，perturbation strength ρ.

2： **output**：The overall best solution S^* found.

3： $S \leftarrow$ Random Initialization(I)　　　　　　　/ * S is the current solution * /

4： $S^* \leftarrow S$　　　　　　　　　　　　　/ * S^* is the overall best solution * /

5： **while** Time $\leqslant t_{max}$ **do**

6：　Initialize the frequency vector F

7：　$S_{b1} \leftarrow$ Feasible_Local_Search(S, N, I_{max1})

8：　$(S_{b2}, F) \leftarrow$ Strategic_Oscillation_Search(S_{b1}, N, I_{max2}, F)

9：　**if** $f(S_{b2}) > f(S^*)$ **then**

10：　　$S^* \leftarrow S_{b2}$

11： **end if**

12： $S \leftarrow$ Frequency_Based_Perturbation(S_{b2}, ρ, F)

13： **end while**

14： **return** S^*

---

2. 具体内容

1）解表达和符号定义

给定一个 DCKP 算例,其背包容量为 C,冲突图 $G = (V, E)$,该算例的候选解 S 表示为 $(x_1, \cdots, x_n)$,其中,如果选择物品 i,则二进制变量 x_i 的值为 1,否则为 0。解 S 可以等效地表示为 $S = \langle A, \bar{A} \rangle$,其中 $A = \{q : x_q = 1 \text{ in } S\}$ 是选中物品的集合,$\bar{A} = \{q : x_q = 0 \text{ in } S\}$ 是未选中物品的集合。

给定算例的无约束搜索空间 Ω,其中包含 V 的所有非空子集:

$$\Omega = \{x : x \in \{0, 1\}^n\} \tag{5-11}$$

可行搜索空间 Ω^F 包含满足背包容量和冲突约束条件的所有可行解:

$$\Omega^F = \left\{ x \in \{0, 1\}^n : \sum_{i=1}^n w_i x_i \leqslant C; x_i + x_j \leqslant 1, \forall \{i, j\} \in E, 1 \leqslant i, j \leqslant n, i \neq j \right\} \tag{5-12}$$

由于使用背包约束来划定可行区域和不可行区域的边界,因此定义了不可行搜索空间 Ω^{IN},以包括仅满足冲突约束的所有候选解:

$$\Omega^{IN} = \left\{ x \in \{0, 1\}^n : \sum_{i=1}^n w_i x_i > C; x_i + x_j \leqslant 1, \forall \{i, j\} \in E, 1 \leqslant i, j \leqslant n, i \neq j \right\} \tag{5-13}$$

为评估 Ω^{IN} 中解 S 的不可行程度,定义它的临界值 $\mathrm{CV}(S)$。

$$\mathrm{CV}(S) = \max\left\{0, \sum_{i=1}^n w_i x_i - C\right\} \tag{5-14}$$

其中,C 是背包约束。对于可行解 S 来说,$\mathrm{CV}(S) = 0$;对于不可行解来说,$\mathrm{CV}(S) > 0$。

最后,候选解 S 在搜索空间 Ω 中的质量由 DCKP 的目标函数值 $f(S)$ 确定。给定两个候选解,如果其中至少有一个不可行,则根据式(5-14)给出的临界值 $\mathrm{CV}(S)$ 进行评估(越小越好)。否则,Ω^F 的两个可行解将由 DCKP 问题的目标函数值 $f(S)$ 进行评估(越大越好)。

2）随机初始化

RSOA 采用简单的随机初始化过程来获得可行的初始解。具体来说,从未选择物品中随机选择一个物品 i,并在满足背包约束和冲突约束的情况下将其添加到初始解中,然后继续添加新的物品,直到达到背包容量或没有候选物品可用。该初始化过程简单,其随机性有助于获得多样化的初始解。预实验表明,其他更复杂的初始化策略并不会显著影响算法性能。

3）可行局部搜索过程

RSOA 在可行搜索空间 Ω^F 采用可行局部搜索(Feasible Local Search ,FLS)过程。FLS 过程依赖于 TSBMA 的阈值搜索过程[35],其禁止操作机制首次采用反向消除方法

(Reverse Elimination Method，REM)[215]。具体来说，只要其质量满足给定阈值，FLS 过程就可以通过将当前可行解替换为可行邻域解来迭代探索可行搜索空间。下面首先介绍 FLS 过程的主要组成部分，然后给出伪代码。

（1）移动算子和邻域结构

FLS 过程依赖于 DCKP 的 3 个常见移动操作（add、swap 和 drop），这些操作也适用于其他背包问题[112,167,175]。给定一个解 $S=<A,\bar{A}>$，设 mv 是其中一个移动操作，$S'=S\oplus$ mv 表示通过将 mv 应用于 S 而得到的邻域解。设 Capa(S)是一个谓项，如果解 S 满足背包约束，则 Capa(S)=true，否则 Capa(S)=false。设 Dis $j(S)$是一个二元变量，如果 S 满足冲突约束，则 Dis $j(S)$=ture，否则 Dis $j(S)$=false。由 add、swap 和 drop 操作引起的邻域可以表示为

$$N_1^F(S)=\{S':S'=S\oplus\text{add}(p),p\in\bar{A},\text{Capa}(S'),\text{Dis }j(S')\} \quad (5\text{-}15)$$

$$N_2^F(S)=\{S':S'=S\oplus\text{swap}(q,p),q\in A,p\in\bar{A},\text{Capa}(S'),\text{Dis }j(S')\} \quad (5\text{-}16)$$

$$N_3^F(S)=\{S':S'=S\oplus\text{drop}(q),q\in A,\text{Capa}(S'),\text{Dis }j(S')\} \quad (5\text{-}17)$$

为了快速评估邻域解，使用了一种简化技术来快速识别带有冲突约束的邻域解。具体来说，使用长度为 n 的冲突向量 V 来记录每个候选未选物品相对于当前解 S 的冲突数量，显然，每个选定物品的值 V_i 为 0。一旦执行移动操作（add(p)、swap(q,p)或 drop(q)），每个未被选物品 j 的值 V_j 更新如下：

$$V_j=\begin{cases}V_j+1, & j \text{ 与物品 } p \text{ 冲突}\\ V_j-1, & j \text{ 与物品 } q \text{ 冲突}\\ V_j, & \text{其他}\end{cases} \quad (5\text{-}18)$$

因此，检查冲突约束的时间复杂度为 $O(n)$，其中 n 是物品的数量。如果没有使用该技术，则检查的时间复杂度将是 $O(n^2)$。

（2）反向消除法

FLS 过程采用反向消除法来实现操作禁止机制。REM 是一种通用且有效的方法，可以防止搜索重新访问之前访问过的解。该方法使用运行列表记录搜索过程中执行的所有移动，并使用剩余取消序列（Residual Cancel Sequence，RCS）根据运行列表追溯以前的解。该列表的大小设置为相应搜索过程的最大迭代次数，其中，算法 5-6 的最大迭代次数为 I_{max1}。

算法 5-6 Feasible Local Search Procedure

1： **input**：Input solution S，neighborhoods N_1^F，N_2^F，N_3^F，maximum number of iterations I_{max1}.

2： **output**：Best solution S_{bl} found during feasible local search.

3： $S_{\text{bl}}\leftarrow S$ / * Record the best solution found so far * /

4： $T\leftarrow$ Calculate_Threshold(S_{bl})

5： iter $\leftarrow 0$

6： **while** iter $\leqslant I_{\text{max1}}$ **do**

7： Examine sequentially neighborhoods $N_1^F(S), N_2^F(S)$ and $N_3^F(S)$

8： **for** N_1^F, N_2^F, N_3^F, let S' be a non-prohibited neighboring solution **do**

9：   **if** $f(S') \leqslant T$ **then**

10： $S \leftarrow S'$ /* S' replaces S when the threshold T is satisfied */

11：   break

12：   **end if**

13： **end for**

14： **if** $f(S) > f(S_{bl})$ **then**

15： $S_{bl} \leftarrow S$ /* Update the best solution found during feasible local search */

16： $T \leftarrow$ Calculate_Threshold(S_{bl})

17：   iter $\leftarrow 0$

18： **else**

19：   iter $\leftarrow$ iter$+1$

20： **end if**

21： Update the residual cancellation sequence (RCS)

22： **end while**

23： **return** S_{bl}

感兴趣的读者可以参考 Glover[215] 对这种技术的详细介绍。与 Wei 和 Hao[35] 的基于哈希向量的 OP 机制不同，REM 可以用较少的计算资源准确记录每个之前访问过的解。实验表明，REM 比 Wei 和 Hao[35] 的基于哈希向量的 OP 机制有更好的性能。

（3）FLS 的主程序

如算法 5-6 所示，FLS 过程首先执行一些初始化任务（算法 5-6，第 3～5 行），然后搜索进入"while"循环（算法 5-6，第 6～22 行），通过依次探索 3 个邻域 N_1^F 到 N_3^F 来迭代改进输入解 S（详情请参阅参考文献[35]）。"while"循环的每次迭代执行 3 个操作。第一，应用阈值搜索（算法 5-6，第 7～13 行）依次探索 3 个邻域 N_1^F、N_2^F、N_3^F。为此，只要 S 达到动态目标函数阈值 T，就可以接受非禁止的邻域解 S' 来更新当前解 S。阈值 T 是略低于当前最佳目标函数值的值，定义为 $T = f(S_{bl}) - \delta$，其中 S_{bl} 是目前为止在 FLS 过程中发现的最好解，δ 是一个正值参数。如果邻域解被接受或 3 个邻域探索完没有找到符合阈值的邻域解，则退出阈值搜索。第二，使用阈值搜索的结果更新 FLS 过程中迄今为止找到的最佳解 S_{bl}（算法 5-6，第 14 和 15 行），并重新计算阈值 T（算法 5-6，第 16 行）。第三，更新操作禁止机制所需的剩余取消列（RCS）。当在 I_{max1} 连续的"while"循环中不能改进最佳解 S_{bl} 时，FLS 过程将停止，并将 S_{bl} 返回响应性策略振荡过程，以进一步改进所找到的最优解。

4）响应性策略振荡过程

策略振荡[216] 最初提出的目的是在可行域和不可行域之间来回穿越。策略振荡旨在通过围绕可行边界和不可行边界进行搜索，找到只在可行域内搜索无法达到的高质量解。

本问题用背包容量约束来定义振荡边界，并放松这个约束以允许搜索访问超过背包容量的候选解。策略振荡（SOS）过程在策略振荡中结合了响应性邻域过滤策略（Responsive Neighborhood Filtering，RNF），以跨越可行域和不可行域的边界。一般，SOS 过程遵循两个一般原则：第一，最好允许搜索在空间 Ω^F 和 Ω^{IN} 之间转换，而不是一直停留在单个空间中；第二，如 Glover 和 Hao[217] 所讨论的，需要一个临界值来防止搜索长期只停留在可行区域或不可行区域。

（1）SOS 程序的主框架

如算法 5-7 所示，在一些初始化任务之后（算法 5-7，第 3～7 行），SOS 过程执行"while"循环来检查候选解（算法 5-7，第 8～27 行）。根据式（5-14），循环的每一次迭代都计算出邻域 N^+（算法 5-7，第 10 行）内每个非禁止邻域解 S 的临界值 CV(S)，其中 N^+ 是 3 个松弛邻域的并集。接着，应用响应式邻域过滤策略 RNF 过滤出没有希望的邻域解（算法 5-7，第 11 行）。然后确定具有 CV(S) 最小值或具有相同 CV(S) 最小值且目标值 $f(S)$ 更好的非禁止邻域解 S（算法 5-7，第 12 行），并用其替换当前解（算法 5-7，第 14 行）。这样的邻域解对应于最接近可行区域和不可行区域边界的有希望解。如果 S 优于 S_{b2}，则更新 SOS 期间找到的最佳解 S_{b2}（算法 5-7，第 15～20 行）。因为采用相同的 REM 记录之前遇到的解，所以 RCS 在每个解更新后都会随之更新（算法 5-7，第 21 行）。RNF 策略使用的不可行性率（r_{IN}）和临界限制（CL_1 和 CL_2）根据在空间 Ω^F 和 Ω^{IN} 中的搜索状态而更新（算法 5-7，第 22 和 23 行）。如果当前解 S 是不可行的，则更新频率计数器 F（用于扰动过程）（算法 5-7，第 24～26 行）。最后，SOS 过程在没有改进最佳解 S_{b2} 的连续 I_{max2} 次迭代后终止。

算法 5-7 ：Strategic Oscillation Search Procedure

1： **input**：Input solution S_{b1}, neighborhood N^+, maximum number of iterations I_{max2}, frequency counter F.

2： **output**：Best solution S_{b2} found.

3： Initialize the responsive critical limits CL_1, CL_2

4： $r_{IN} \leftarrow 0$ /* Initialize the infeasibility rate of neighboring solutions */

5： $S \leftarrow S_{b1}$ /* S is the current solution */

6： $S_{b2} \leftarrow S$ /* Record the best solution found so far */

7： iter $\leftarrow 0$

8： **while** iter $\leqslant I_{max2}$ **do**

9： **for** Each non-prohibited neighboring solution S' in N^+ **do**

10：   Calculate the critical value CV (S') by Eq. (5-14)

11：   Filter out uNPromising neighboring solutions with r_{IN}, CL_1, CL_2, CV(S')

12：   Identify the non-prohibited neighboring solution S' with the minimum CV (S')$_{min}$ value or the best S' with the same CV (S')$_{min}$ value

13： **end for**

14： $S \leftarrow S'$

15： **if** ($f(S) > f(S_{b2})$) $\wedge$ ($W(S) \leqslant C$) **then**

16： $S_{b2} \leftarrow S$ /* A better feasible solution is encountered */

17： iter $\leftarrow$ 0

18： **else**

19： iter $\leftarrow$ iter$+1$

20： **end if**

21： Update the residual cancellation sequence(RCS)

22： Update the infeasibility rate r_{IN}

23： Update the responsive critical limits CL_1, CL_2

24： **if** $(W(S) > C)$ **then**

25： Update the frequency counter F

26： **end if**

27： **end while**

28： **return** S_{b2}

（2）扩大的邻域结构

SOS 过程探索了邻域 N^+，它是由 add、swap 和 drop 操作产生的邻域 N_1^+、N_2^+、N_3^+ 的并集，使得冲突约束总是被满足，而容量约束不一定被满足。

$$N_1^+(S) = \{S' : S' = S \oplus \mathrm{add}(p), p \in \bar{A}, \mathrm{Dis}\ j(S)\} \tag{5-19}$$

$$N_2^+(S) = \{S' : S' = S \oplus \mathrm{swap}(q,p), q \in A, p \in \bar{A}, \mathrm{Dis}\ j(S)\} \tag{5-20}$$

$$N_3^+(S) = \{S' : S' = S \oplus \mathrm{drop}(q), q \in A, \mathrm{Dis}\ j(S)\} \tag{5-21}$$

与可行邻域 $N_1^F \sim N_3^F$ 不同，$N^+ = N_1^+ \cup N_2^+ \cup N_3^+$ 的解可能满足也可能不满足容量约束。因此，SOS 过程同时探索了可行区域和不可行区域。

（3）响应式过滤策略

由于 SOS 过程中放松了背包容量限制，因此目前的解 S 可能是不可行的。正如 Glover 和 Hao[217] 所指出的，策略振荡是为了指导搜索在可行区域和不可行区域之间来回穿梭而提出的。响应式过滤策略旨在防止搜索长时间停留在 Ω^F 或 Ω^{IN} 空间。一方面，为了使搜索不至于陷入不可行区域 Ω^{IN}，只考虑临界值满足 $CV(S') \leqslant CL_1$ 的邻域解 S'，其中 CL_1 为临界极限。CL_1 的初始值由给定 DCKP 算例的最大物品权重和最小物品权重自动地确定，设置 $CL_1 = (\mathrm{argmax}\{w_i : i = 1, \cdots, n\} + \mathrm{argmin}\{w_i : i = 1, \cdots, n\})/2$。另一方面，为了避免搜索长时间陷入可行区域 Ω^F，搜索过程中只考虑符合 $CV(S) \geqslant CL_2$ 的邻域解 S'，其中 CL_2 为另一个临界极限。

令 CL_2 的初始值为 0，CL_1 和 CL_2 动态更新策略如下。

检查最近访问的 100 个邻域解的可行性，通过 $r_{IN} = N_{infea}/100$ 来定义不可行性比，其中 N_{infea} 是这 100 个邻域解中不可行解的数量。如果 $r_{IN} = 0$（没有不可行的解），则 CL_2 的值增加 1，从而将搜索推向不可行区域。相反，如果 $r_{IN} = 1$（最近遇到的所有解都是不可行的），则 CL_1 的值减少 1，从而将搜索推入可行区域。CL_2 只在 $r_{IN} = 0$ 时起作用，而 CL_1 始终是生效的。因此,算法在一个可控范围内沿着空间 Ω^F 和 Ω^{IN} 的边界搜索。

5)基于频率的扰动

SOS 过程可以接受不可行的解,这有利于增强算法搜索的扩散性。然而,这种扩散性可能不足以让算法逃脱深度局部最优。因此,设计了一个基于频率的扰动,以驱动搜索进入新的区域。频率计数器 F 记录了在 SOS 过程中遇到的不可行解中每个物品出现的次数(算法 5-7,第 24~26 行),可根据计数器 F 进行扰动。

如算法 5-8 所示,首先根据 F(算法 5-8,第 3 行)对所有选定的物品按降序排列。然后删除最前面的 $\rho \times |S_{b2}|$ 最频繁选择的物品(算法 5-8,第 4 行),其中 ρ 是一个称为扰动强度的参数,$|S_{b2}|$ 表示解 S_{b2} 中选定物品的数量。然后,在解 S 中随机添加新的物品,直到达到背包容量(算法 5-8,第 5~12 行)。扰动解 S 将被用作 RSOA 下一轮的输入解。

算法 5-8 Frequency-based Perturbation Procedure

1: **input**:Input solution S_{b2}, perturb strength ρ, frequency counter F.

2: **output**:The perturbed solution S.

3: Sort items according to F

4: / * Remove the top $\rho \times |S_{b2}|$ most frequently selected items * /

5: $S \leftarrow$ Drop_items(S_{b2}, ρ, F)

6: **while** $W(S) \leqslant C$ **do**

7:     Randomly pick one non-selected item j

8:     **if** $w(j)+W(S) \leqslant C$ **then**

9:         $S \leftarrow$ Add_one_item(j, S)

10:     **else**

11:         break

12:     **end if**

13: **end while**

14: **return** S

---

3. 讨论

尽管 RSOA 是由策略振荡框架 SOS 衍生出来的,但它具有以下显著新特征。首先,RSOA 采用本节原创的响应式过滤策略引导搜索在可行区域和不可行区域边界附近振荡,增强了 SOS 框架性能。其次,已知的 SOS 解决方法通常采用禁忌搜索技术进行局部优化[118, 218],而 RSOA 使用阈值搜索技术来增强 SOS 框架的性能。

与 TSBMA(也使用阈值搜索)相比,RSOA 的区别在于它同时探索了可行区域和不可行区域,而 TSBMA 只探索可行区域。此外,RSOA 采用 REM 记录遇到的邻域解,比 TSBMA(使用基于解的禁忌技术)消耗的计算资源更少。最后,RSOA 使用的是 SOS 框架,而不是 TSBMA 中的基于种群的模因算法框架。

在 FLS 过程中探索邻域的方式类似于可变邻域搜索(VNS)[219]。首先,FLS 过程采用阈值搜索技术,同时接受满足给定阈值的改善和更差的邻域解,而通常的 VNS 框架只接受改善邻域解。其次,VNS 通常使用最佳改进策略来探索给定的邻域,而 FLS 过程一旦发现满足质量阈值的邻域解,就会停止探索当前邻域。最后,RSOA 基于频率的扰动策略可被视为 VNS 的基于信息的扰动过程。

5.3.2　实验结果与比较

本节通过大量的实验,并与目前最先进的 DCKP 算法进行比较,来评估 RSOA。此外,本节报告两组(6 340 个)基准测试算例的计算结果。

1. 算例

本节研究中采用的两组(6 340 个)基准算例与 5.2.2 节相同。同时,本节还在卫星照片调度问题(DPSP)[171, 208]的 21 个基准算例上测试了 RSOA。

2. 实验设置和参考算法

为了评估 RSOA 的性能,在集合 I 的算例上采用了 4 种参考算法进行对比计算,这些算法是:并行邻域搜索算法(PNS)[196]、协作并行自适应邻域搜索算法(CPANS)[197]、概率禁忌搜索算法(PTS)[195]和基于阈值搜索的模因算法(TSBMA)[35]。对于集合 II 的算例,将 RSOA 与 3 种性能最佳的精确方法〔两种分支定界算法 BCM[135] 和 CFS[136]、CPLEX 求解器(记录为 ILP)[136]〕以及最佳启发式算法 TSBMA[35]进行比较。由于 TSBMA 是最新的DCKP 算法,在两个基准集上都取得了很好的结果,且 RSOA 和 TSBMA 都是启发式算法,因此将 TSBMA 作为主要参考算法。

RSOA 是用 C++编写且由 g++编译器使用-O3 选项编译的。参考算法的主要实验环境如表 5-8 所示。根据 Wei 和 Hao(2021)[35]的研究,集合 I 的截止时间设置为 1 000 s,集合 II 的截止时间设置为 600 s,对集合 I 的算例独立运行 RSOA 20 次,对集合 II 的算例独立运行 RSOA 10 次。根据上述实验设置,本实验所消耗的计算资源与现有文献相同或更少。

表 5-8　参考算法的主要实验环境

算法	编程语言	处理器	CPU/GHz	RAM/GB	操作系统
BCM	C	Intel Xeon E3-1220	3.1	16	Linux
CFS & ILP1,2	C++/CPLEX 12.8	Intel Xeon E5-2690	3.0	128	Linux
PTS	Java	Intel Pentium I5-6500	3.2	4	—
PNS	C++	—	3.06	—	—
CPANS	C++	Intel Xeon E5-4640	2.6	—	—
TSBMA	C++	Intel Xeon E5-2670	2.5	2	Linux
RSOA	C++	Intel Xeon E5-2670	2.5	2	Linux

RSOA 所需的 4 个参数如表 5-9 所示。I_{max1} 和 I_{max2} 的值根据每个算例的物品数 n 自动确定。计算可行局部搜索的质量阈值 T 的参数 δ 采用与 Wei 和 Hao[35]中相同的设置,其中 $\min P$ 是每个算例中物品利润的最小值,$\text{rand}(20)$ 是 $[1,20]$ 上的随机整数。对于扰动强度

ρ,使用自动参数调谐工具[220]来确定其值。ρ的候选值为 $0.1 \sim 0.9$,步长为 0.1。本实验在集合I中的 8 个算例上进行,截止时间为 200 s。从实验结果来看,ρ的最终值被设定为 0.6。除非另有说明,本节的所有实验都采用这 4 个参数值,并可视为 RSOA 的默认设置。

表 5-9 RSOA 的参数设置

参数	描述	值
I_{max1}	FLS 的最大迭代次数	$10 \times n$
I_{max2}	RSOP 的最大迭代次数	$5 \times n$
δ	阈值参数	$n/10$(集合 I)
		$\min P + \text{rand}(20)$(集合 I)
ρ	扰动强度	0.6

3. 计算结果与比较

1)集合 I 的 100 个算例的计算结果

表 5-10 总结了 RSOA 和参考算法在集合 I 的 100 个算例上的结果比较,其中参考算法结果来自参考文献[35]。表 5-10 的前三列表示进行比较的算法对、算例名和性能指标,其中,参考算法的某些性能指标在文献中是没有报道的。表 5-10 的第 4~6 列给出了 RSOA 与每种参考算法相比获得更好、相等或更差结果的算例数;最后一列显示了从 Wilcoxon 符号秩检验获得的 p 值,显著性水平为 0.05;最后一列中的 NA 表示两种算法的结果一致。

表 5-10 RSOA 与参考算法在集合 I 的 100 个算例上的结果比较

Algorithm pair	Instance (total)	Indicator	# Wins	# Ties	# Losses	p-value
RSOA vs. PTS	$1 I y \sim 10 I y$ (50)	f_{best}	8	42	0	1.40e−02
		f_{avg}	45	5	0	5.34e−09
RSOA vs. PNS	$1 I y \sim 10 I y$ (50)	f_{best}	9	41	0	8.91e−03
	$11 I y \sim 20 I y$ (50)	f_{best}	27	23	0	5.56e−06
RSOA vs. CPANS	$1 I y \sim 10 I y$ (50)	f_{best}	0	50	0	NA
	$11 I y \sim 20 I y$ (50)	f_{best}	31	19	0	1.18e−06
RSOA vs. TSBMA	$1 I y \sim 10 I y$ (50)	f_{best}	0	50	0	NA
		f_{avg}	12	34	4	7.44e−02
	$11 I y \sim 20 I y$ (50)	f_{best}	2	48	0	3.46e−01
		f_{avg}	15	16	19	3.47e−01

由表 5-12 可知,RSOA 在最佳目标函数值 f_{best} 和平均目标函数值 f_{avg} 方面均优于参考算法 PTS、PNS 和 CPANS。与主要参考算法 TSBMA 相比,RSOA 能够在 2 个算例中获得改进的 f_{best},并在其余 98 个算例中获得所有的已知最好结果。然而,在 p 大于 0.05 的情况下,RSOA 和 TSBMA 之间的差异在这些算例中不具有统计学意义。

2)集合 II 的 6 240 个算例的结果

表 5-11 总结了 RSOA 与每个参考算法在集合 II 的 6 240 个算例上的结果对比。第 1

列显示每个算例子类的名称;第 2 列表示每个子类对应的算例数量;每个算法达到已知最优解的算例数量在第 3 列～第 7 列中给出;第 8 列表示由 RSOA 获得的改进的最佳结果(新的下界)的数量;最后四列给出了 RSOA 和 TSBMA 之间的详细比较,以及来自 Wilcoxon 符号秩检验的 p 值;每列的总和都显示在最后三行中。

观察表 5-11 可知,对于冲突密度为 $0.1 \sim 0.9$ 的 5 760 个 CC 和 CR 算例,RSOA 获得了所有 5 389 个已知的最优解。对于冲突密度为 $0.001 \sim 0.05$ 的 480 个非常稀疏的 SC 和 SR,RSOA 获得了 429 个已证明的最优解中的 419 个。事实上,RSOA 可以成功求解剩下的 10 个算例(4 个 SC,6 个 SR),当设置更长的截止时间(2 000 s)或更多的重复运行次数(100 次),如表 5-11 中括号内的数字。此外,RSOA 还发现了 37 个新的下界,这些下界在以前的文献中没有被报告过。与主要参考算法 TSBMA 相比,RSOA 在集合 Ⅱ 的 6 240 个算例中获得了 270 个更好的结果和 5 970 个相等的结果,并且没有更差的结果。值得注意的是,RSOA 在非常稀疏的算例子类 SR 上表现得非常好,这对参考算法 TSBMA 来说是一个挑战。最后,小的 p 值(<0.05)表明,RSOA 和 TSBMA 在集合 Ⅱ 的算例上具有明显的性能差异。

表 5-11　RSOA 算法与每个参考算法在集合 Ⅱ 的 6240 个算例上的结果比较

Class	Total	ILP1,2 Solved	BCM Solved	CFS Solved	TSBMA Solved	RSOA		RSOA vs. TSBMA			
						Solved	New LB	# Wins	# Ties	# Losses	p-value
C1	720	**720**	**720**	**720**	**720**	**720**	0	0	720	0	NA
C3	720	584	**720**	**720**	716	**720**	0	**4**	716	0	6.79e−02
C10	720	446	552	**617**	**617**	**617**	9	**9**	711	0	7.47e−03
C15	720	428	550	**600**	**600**	**600**	3	**3**	717	0	1.09e−01
R1	720	**720**	**720**	**720**	717	**720**	0	**3**	717	0	1.09e−01
R3	720	680	**720**	**720**	**720**	**720**	0	0	720	0	NA
R10	720	508	630	**670**	669	**670**	1	**3**	717	0	1.09e−01
R15	720	483	590	**622**	**622**	**622**	14	**15**	705	0	6.53e−04
SC	240	**200**	109	156	194	196(**200**)	0	**2**	238	0	5.64e−01
SR	240	**229**	154	176	9	223(**229**)	10	**231**	9	0	2.20e−16
CC and CR	5 760	4 569	5 201	**5 389**	5 381	**5 389**	27	**37**	5 723	0	3.20e−06
SC and SR	480	**429**	263	332	204	419(**429**)	10	**233**	247	0	2.20e−16
Grand total	6 240	4 998	5 424	5 721	5 585	**5 808(5 818)**	37	**270**	5 970	0	2.20e−16

3) 在 21 个 DPSP 实际算例上的结果

为了进一步分析算法性能,本节研究还测试了 21 个 DPSP 算例,结果如表 5-12 所示。表 5-12 的前五列给出每个算例的名称、图的数量和冲突约束的数量,其中第一列中带"*"的算例表示其最优值已知;第 6 列显示了已知的最优值(带 *)或已知最好解(Opt/BKV);第 7～12 列显示了 RSOA 和参考算法 TSBMA 的详细结果。行 #Avg 显示了每列的平均值。根据 RSOA 和 TSBMA 的 f_{best} 和 f_{avg} 值,最后一行给出了 Wilcoxon 符号秩检验得到的 p 值。

表 5-12　RSOA 的计算结果，并与 21 个真实算例的最著名值的比较

Instance	Photo-graphs	Number of constraints			Opt/BKV	TSBMA			RSOA		
		C2	C3_1	C3_2		f_{best}	f_{avg}	gap/%	f_{best}	f_{avg}	gap/%
8*	8	17	0	4	10*	10	10	0	10	10	0
54*	67	389	23	29	70*	70	69.6	0	70	70	0
29*	82	610	0	19	12 032*	12 032	12 031.4	0	12 032	12 030.4	0
42*	190	1 762	64	57	108 067*	108 067	108 067	0	108 067	108 067	0
28*	230	6 302	590	58	56 053*	56 053	56 053	0	56 053	56 053	0
5*	309	13 982	367	250	115*	111	107.4	−3.478	**115**	108.4	0
404*	100	919	18	29	49*	49	47.8	0	49	49	0
408*	200	2 560	389	64	3 082*	3 075	3 074.2	−0.227	**3 078**	3 077.8	−0.13
412*	300	6 585	389	122	16 102*	16 094	16 092.4	−0.05	**16 096**	15 496.2	−0.037
11*	364	9 456	4 719	164	22 120*	22 111	22 109.1	−0.041	**22 117**	20 814	−0.014
503*	143	705	86	58	9 096*	9 096	8 994.6	0	9 096	7 798.6	0
505*	240	2 666	526	104	13 100*	13 096	12 995.4	−0.031	**13 099**	11 803.7	−0.008
507*	311	5 545	2 293	131	15 137*	15 132	15 127.3	−0.033	**15 137**	13 334.7	0
509*	348	7 968	3 927	152	19 215*	19 113	19 110.6	−0.531	**19 115**	17 720.9	−0.52
1401	488	11 893	2 913	213	176 056	170 056	167 960.5	−3.408	**171 062**	169 660.8	−2.837
1 403	665	14 997	3 874	326	176 140	170 156	167 848.8	−3.403	**172 141**	169 245.7	−2.27
1 405	855	24 366	4 700	480	176 179	168 185	167 882.4	−4.537	**170 175**	168 484.1	−3.408
1 021	1 057	30 058	5 875	649	176 246	**170 247**	168 049.7	−3.404	169 240	168 145.1	−3.975
1 502*	209	296	29	102	61 158*	61 158	61 158	0	61 158	61 157.8	0
1 504	605	5 106	882	324	124 243	124 238	124 135.5	−0.004	124 240	124 236.9	−0.002
1 506	940	19 033	4 775	560	168 247	164 241	161 639.3	−2.381	164 239	159 341.8	−2.382
♯ Avg	—	—	—	—	63 453.19	62 018.1	61 550.67	−1.025	62 209	61 271.71	−0.742
p-value	—	—	—	—	—	2.48e−02	5.71e−01	—	—	—	—

表 5-12 揭示了 RSOA 能达到与 TSBMA 相近的结果，即实现了 11 个更好的和 8 个相同的 f_{best} 值，而只有两种情况下获得了更差的结果。尽管就 f_{avg} 而言，TSBMA 具有更好的 ♯Avg 值，但其 p 值（5.71e−01＞0.05）表明，TSBMA 和 RSOA 的性能在 f_{avg} 方面没有显著差异。从行 ♯Avg 中，观察到 RSOA 的 gap 值小于 TSBMA（−0.742% v. s. −1.025%）。对于已知最好解 BKV，RSOA 达到 10 个 BKV 值，而 TSBMA 只达到了 8 个。在 f_{best} 方面，较小的 p 值（＜0.05）证实 RSOA 的表现显著优于 TSBMA。这些在 DPSP 上的计算结果再次显示了 RSOA 在解决这个实际问题方面的实用性。

5.3.3　分析与总结

为了阐明 RSOA 的性能，本节提出一系列的实验来评估它的两个主要组成部分——策

略振荡过程和响应式过滤策略,并对 DCKP 的可行解和不可行解的分布进行了首次分析。

1. 策略振荡搜索过程的有效性

RSOA 采用策略振荡搜索过程,允许搜索在 Ω^{IN} 内探索不可知的可行区域。本节通过创建禁用 SOS 模块的 RSOA 变种(命名为$\mathrm{RSOA_1^-}$)来研究 SOS 过程对算法的影响,因此,$\mathrm{RSOA_1^-}$ 将只探索可行域。在实验中,测试了 240 个非常稀疏的算例 SR,与主要参考算法 TSBMA 相比,对 RSOA 的有效性进行了评估。每个算例独立求解 10 次,每次运行的截止时间为 600 s。

实验结果如表 5-13 所示,前两列给出每组(10 个)算例的名称;剩余列显示,根据 f_{best} 和 f_{avg} 的值,与$\mathrm{RSOA_1^-}$ 相比,RSOA 获得更好(♯ Wins)、相等(♯ Ties)或更差(♯ Losses)结果的算例数量,以及根据这两个性能指标得到的 Wilcoxon 符号秩检验的 p 值;最后一行显示了每一列的汇总信息。

表 5-13 清楚地表明 RSOA 优于$\mathrm{RSOA_1^-}$。具体来说,RSOA 在 240 个算例中的 221 个算例上实现了更好的 f_{best},并且没有比 $\mathrm{RSOA_1^-}$ 更差的值。当考虑 f_{avg} 指标时,RSOA 的有效性更加明显:在所有测试算例中都具有优势。较小的 p 值表明两个算法之间的性能差异具有统计学上的显著性。这个实验验证了 RSOA 采用的策略振荡搜索过程的有效性。

表 5-13 策略振荡搜索过程对算法的影响

Instance	Total	Indicator: f_{best}				Indicator: f_{avg}			
		♯ Wins	♯ Ties	♯ Losses	p-value	♯ Wins	♯ Ties	♯ Losses	p-value
SR_500_1000_r0.01	10	**9**	1	0	7.58e−03	**10**	0	0	5.06e−03
SR_500_1000_r0.02	10	**7**	3	0	1.78e−02	**10**	0	0	5.06e−03
SR_500_1000_r0.05	10	**4**	6	0	6.79e−02	**10**	0	0	5.06e−03
SR_500_2000_r0.01	10	**10**	0	0	5.03e−03	**10**	0	0	5.06e−03
SR_500_2000_r0.02	10	**10**	0	0	5.06e−03	**10**	0	0	5.06e−03
SR_500_2000_r0.05	10	**6**	4	0	2.77e−02	**10**	0	0	5.06e−03
SR_500_1000_r0.001	10	**10**	0	0	7.69e−03	**10**	0	0	5.06e−03
SR_500_1000_r0.002	10	**10**	0	0	7.63e−03	**10**	0	0	5.06e−03
SR_500_1000_r0.005	10	**8**	2	0	1.16e−02	**10**	0	0	5.06e−03
SR_500_2000_r0.001	10	**10**	0	0	5.03e−03	**10**	0	0	5.06e−03
SR_500_2000_r0.002	10	**9**	1	0	7.69e−03	**10**	0	0	5.06e−03
SR_500_2000_r0.005	10	**10**	0	0	5.03e−03	**10**	0	0	5.06e−03
SR_1000_1000_r0.01	10	**10**	0	0	5.06e−03	**10**	0	0	5.06e−03
SR_1000_1000_r0.02	10	**9**	1	0	7.63e−03	**10**	0	0	5.06e−03
SR_1000_1000_r0.05	10	**9**	1	0	7.69e−03	**10**	0	0	5.06e−03
SR_1000_2000_r0.01	10	**10**	0	0	5.06e−03	**10**	0	0	5.06e−03
SR_1000_2000_r0.02	10	**10**	0	0	5.06e−03	**10**	0	0	5.06e−03
SR_1000_2000_r0.05	10	**10**	0	0	5.03e−03	**10**	0	0	5.06e−03
SR_1000_1000_r0.001	10	**10**	0	0	5.01e−03	**10**	0	0	5.06e−03

Instance	Total	Indicator: f_{best}				Indicator: f_{avg}			
		# Wins	# Ties	# Losses	p-value	# Wins	# Ties	# Losses	p-value
SR_1000_1000_r0.002	10	**10**	0	0	5.03e−03	**10**	0	0	5.06e−03
SR_1000_1000_r0.005	10	**10**	0	0	5.06e−03	**10**	0	0	5.06e−03
SR_1000_2000_r0.001	10	**10**	0	0	5.03e−03	**10**	0	0	5.06e−03
SR_1000_2000_r0.002	10	**10**	0	0	5.06e−03	**10**	0	0	5.06e−03
SR_1000_2000_r0.005	10	**10**	0	0	5.06e−03	**10**	0	0	5.06e−03
Summary	240	**221**	19	0	2.20e−16	**240**	0	0	2.20e−16

2. 响应式过滤策略的影响

响应式过滤策略是 RSOA 的另一个关键组件。为了研究其对 RSOA 的影响,通过禁用该策略来进行实验,禁用后的算法变种标记为 $RSOA_2^-$,并采用与上文相同的实验设置和基准算例。实验结果如表 5-16 所示。

表 5-14 显示,在 240 个算例中,RSOA 在 187 个算例中获得了更好的 f_{best},在剩余 53 个算例中获得了相等的结果,因此 RSOA 优于 $RSOA_2^-$。对于大多数算例,RSOA 实现了更好或相等的 f_{avg}。p 值小于 0.05 表示 RSOA 与 $RSOA_2^-$ 的结果之间存在显著差异。因此响应式过滤策略对 RSOA 的性能起着重要作用。

表 5-14 响应式过滤策略的影响

Instance	Total	Indicator: f_{best}				Indicator: f_{avg}			
		# Wins	# Ties	# Losses	p-value	# Wins	# Ties	# Losses	p-value
SR_500_1000_r0.01	10	**8**	2	0	1.17e−02	**10**	0	0	5.06e−03
SR_500_1000_r0.02	10	**7**	3	0	1.80e−02	**10**	0	0	5.06e−03
SR_500_1000_r0.05	10	0	10	0	NA	**3**	7	0	1.03e−01
SR_500_2000_r0.01	10	**9**	1	0	7.63e−03	**10**	0	0	5.06e−03
SR_500_2000_r0.02	10	**4**	6	0	6.79e−02	**10**	0	0	5.06e−03
SR_500_2000_r0.05	10	0	10	0	NA	0	10	0	NA
SR_500_1000_r0.001	10	**9**	1	0	7.69e−03	**10**	0	0	5.06e−03
SR_500_1000_r0.002	10	**9**	1	0	7.63e−03	**10**	0	0	5.06e−03
SR_500_1000_r0.005	10	**7**	3	0	1.80e−02	**10**	0	0	5.06e−03
SR_500_2000_r0.001	10	**9**	1	0	7.63e−03	**10**	0	0	5.06e−03
SR_500_2000_r0.002	10	**9**	1	0	7.47e−03	**10**	0	0	5.06e−03
SR_500_2000_r0.005	10	**9**	1	0	7.58e−03	**10**	0	0	5.06e−03
SR_1000_1000_r0.01	10	**10**	0	0	5.06e−03	**10**	0	0	5.06e−03
SR_1000_1000_r0.02	10	**10**	0	0	7.63e−03	**10**	0	0	5.06e−03
SR_1000_1000_r0.05	10	**7**	3	0	1.80e−02	**8**	1	1	1.09e−02
SR_1000_2000_r0.01	10	**10**	0	0	5.03e−03	**10**	0	0	5.06e−03

Instance	Total	Indicator: f_{best}				Indicator: f_{avg}			
		# Wins	# Ties	# Losses	p-value	# Wins	# Ties	# Losses	p-value
SR_1000_2000_r0.02	10	**10**	0	0	5.03e−03	**10**	0	0	5.06e−03
SR_1000_2000_r0.05	10	0	10	0	NA	**4**	3	3	7.35e−01
SR_1000_1000_r0.001	10	**10**	0	0	5.06e−03	**10**	0	0	5.06e−03
SR_1000_1000_r0.002	10	**10**	0	0	5.06e−03	**10**	0	0	5.06e−03
SR_1000_1000_r0.005	10	**10**	0	0	5.06e−03	**10**	0	0	5.06e−03
SR_1000_2000_r0.001	10	**10**	0	0	5.00e−03	**10**	0	0	5.06e−03
SR_1000_2000_r0.002	10	**10**	0	0	5.06e−03	**10**	0	0	5.06e−03
SR_1000_2000_r0.005	10	**10**	0	0	5.03e−03	**10**	0	0	5.06e−03
Summary	240	**187**	53	0	2.20e−16	**215**	21	4	2.20e−16

3. 分析可行解和不可行解

RSOA 是第一个使用策略振荡搜索过程来求解 DCKP 的算法,它允许搜索在可行区域和不可行区域之间转换。为了研究为什么这种方法对求解 DCKP 有意义,利用参考文献[221]中研究图着色问题的方法进行分析,重点关注了以下问题:

(1) 高质量的可行解是彼此靠近还是相隔很远?

(2) 高质量的不可行解是彼此靠近还是相隔很远?

(3) 高质量的可行解与高质量的不可行解是彼此接近还是相隔很远?

(4) 高质量的解是聚集在小范围内,还是分散在搜索空间各处?

为了回答这些问题,用 RSOA 解决 4 个代表性算例:18Ⅰ2(集合Ⅰ, 2 000 个物品)、C10_8_0_3_r0.1(集合Ⅱ, C10 类,501 个物品)、1000_2000_r0.01-0(集合Ⅱ, SR 类,1 000 个物品)、1000_2000_r0.005-0(集合Ⅱ, SR 类,1 000 个物品)。最初的实验结果表明,由于这些算例的规模大或冲突密度低,因此对 RSOA 来说求解很困难。对于每个算例,采用相同的截止时间运行 RSOA 10 次。对于每次运行,记录最大目标值的前 50 个最佳可行解和最小临界值 CV 的前 50 个高质量不可行解,从而为每个算例获得 500 个高质量可行解和 500 个高质量不可行解;然后使用汉明距离(Hamming Distance)测量每对解(可行解或不可行解)之间的距离。

每对解之间距离的频率如图 5-5~图 5-7 所示。每个子图中的横轴表示解之间的距离,纵轴表示具有特定距离的成对解的数量。每个子图包括每个算例的 124 750 对解的距离,其中两个相同解之间的距离为 0(被忽略)。从图 5-5~图 5-7 中,观察到高质量解之间的距离非常小。大多数配对解分布在直径小于 $0.1n$ 的簇中,其中 n 为每个算例的物品数。

为了可视化分析高质量解在解空间中的分布,使用经典的 cmdscale 算法,采用多维缩放(MDS)技术[222],将这些解的位置从 n 维空间映射到欧几里得空间 R^3 中。这些高质量可行和不可行解的空间分布如图 5-8 所示,子图上的每个点代表一个高质量的解,其中灰圈代表可行解,黑圈代表不可行解。

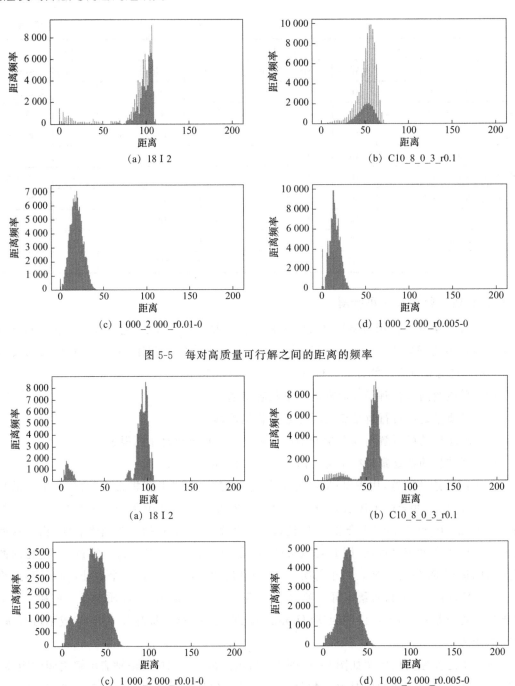

图 5-5　每对高质量可行解之间的距离的频率

图 5-6　每对高质量不可行解之间的距离的频率

从图 5-8 中,观察到高质量可行解被分组在几个簇中,而不是分散在整个搜索空间中。由于可行解和不可行解之间存在边界,因此在这些边界上来回搜索以找到高质量的解的做法是有意义的。此外,如果一个不可行解远离可行解的集合,那么它周围通常没有其他高质量可行解。因此,为了保证搜索的有效性,应该防止搜索深入不可行区域。这些发现为 RSOA 的算法设计提供了使用策略振荡搜索过程的依据。

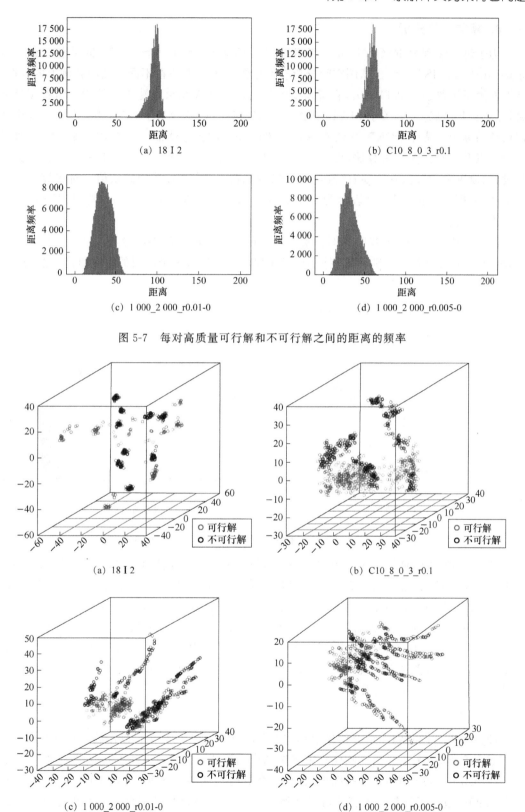

图 5-7　每对高质量可行解和不可行解之间的距离的频率

图 5-8　高质量可行解和不可行解的空间分布

4. 算例空间分析

为了进一步理解 RSOA 以及参考算法的性能表现,本节进行算例空间分析(instance space analysis, ISA)[223]。算例空间分析有助于深入了解算法在不同特征的算例上的性能。这里使用了工具包 MATILDA,它可以提供可视化的 ISA 结果。感兴趣的读者请参阅参考文献[224]和[225]了解关于 MATILDA 的更多信息。该实验基于 SC 和 SR 中的 480 个非常稀疏的算例,现有 DCKP 算法在这些算例上的性能差异很大。在本实验中,比对了 RSOA 以及 3 种主要参考算法,即 CFS[136]、ILP[136] 和 TSBMA[35]。对于 MATILDA 的参数设置:设置参数"options.perf"的值为 0.01,同时保持其他参数为默认值。对于算例特征的描述,采用冲突密度特征(表示为 Density)和 MATILDA 中引入的 0-1 背包问题的44 个特征进行描述。

图 5-9 显示了 480 个基准算例和密度特征在二维算例空间中的分布。从图 5-9 可以看出,SC 和 SR 两组算例分别聚集在算例空间的两个区域上,每个区域的密度值是分散的。

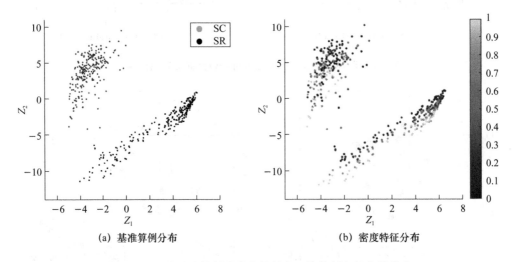

(a) 基准算例分布   (b) 密度特征分布

图 5-9   480 个基准算例和密度特征在二维算例空间中的分布

图 5-10 所示为 MATILDA 中的支持向量机(SVM)分类模型对不同 DCKP 算法性能表现的预测结果,能够帮助我们更好地理解每个算法在给定算例上的优缺点。从图 5-10(d)中可以看出,RSOA 能够在所有算例点上获得良好的性能。SVM 预测其他参考算法无法达到这样的结果。具体来说,从图 5-10(a)和图 5-10(b)中,可以发现 CFS 和 ILP 在大多数算例上表现良好,而在具有大密度值的 SC 算例上表现稍差。从图 5-10(c)可以看出,TSBMA 在 SC 的算例上表现出较好的性能,而在 SR 的算例上存在劣势。这些 SVM 的预测结果与表 5-11 报告的结果一致。

5. 总结

冲突约束背包问题在组合优化中具有重要的理论和实践意义。以往的求解方法只在可行区域内搜索,而本节介绍的响应式策略振荡搜索算法首次探索了可行区域和不可行区域。

在两组(6 340 个)DCKP 基准算例和 21 个对地观测卫星 SPOT5 的 DPSP 的实际算例上对 RSOA 进行了评估。该算法可以在所有 6 340 个 DCKP 基准算例上获得已知最好结果。此外,它还得到了集合Ⅰ的 2 个算例和集合Ⅱ的 37 个算例中改进的已知最好结果。该

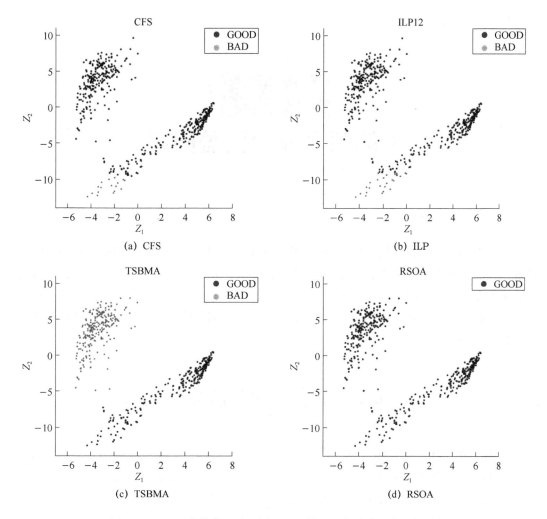

图 5-10 SVM 分类模型对不同 DCKP 算法性能表现的预测结果

算法也显示了其与现实世界卫星拍照 DPSP 的相关性,在求解该问题时,其性能优于 TSBMA。除了这些计算结果,本节还研究了 RSOA 的关键算法组件,以阐明它们在算法性能中的作用。最后,还分析了高质量解的分布,有助于揭示 RSOA 的基本原理的优点。

未来研究方向包括两个方面。第一,RSOA 使用响应式过滤策略将搜索限制在可行区域和不可行区域的边界附近,因此如何通过其他有效策略实现搜索在可行区域与不可行区域的边界的振荡,是一个值得研究的课题。第二,将策略振荡搜索框架与阈值搜索相结合,对可行区域和不可行区域进行搜索的算法设计思路是通用的,因此 RSOA 可以用于其他约束优化问题的求解测试。

第6章

求解预算最大覆盖问题

如 3.10 节所述,预算最大覆盖问题(BMCP)是 SUKP 的一个变种问题。本章提出一种求解预算最大覆盖问题的迭代超平面搜索算法(Iterated Hyperplane Search,IHS)。该算法依赖于在由特定的超平面确定的区域上进行搜索的思想。它结合了 3 个互补的过程:禁忌搜索过程用于确定有希望的超平面,超平面搜索过程用于检查给定超平面上的候选解,专用的扰动过程用于确保算法的扩散性。

6.1 现有求解算法综述

SUKP 和 BMCP 密切相关。目前的文献及本书已经提出了几种求解 SUKP 的方法,包括精确算法[155]、近似算法[156]、基于种群的混合算法[157, 159]和局部搜索算法[160, 161]。然而,求解 BMCP 的算法较少:Khuller 等人[145]引入了一种近似算法,其保证近似比为(1−1/e);Li 等人[151]提出了第一个基于概率学习的禁忌搜索(Probability Learning Based Tabu Search,PLTS)方法,该方法集成了强化学习技术和局部搜索算法。本章介绍更高效的BMCP 求解算法。

6.2 迭代超平面搜索算法

本章提出一种迭代超平面搜索(Iterated Hyperplane Search,IHS)算法来求解 BMCP,这是首个应用迭代超平面搜索技术(IHS)求解 BMCP 的算法,它采用由超平面确定的特定区域进行搜索的思想。在搜索过程中,首先通过局部搜索程序确定一个有希望的超平面,然后进行集中超平面搜索,以详细检查这个超平面以及附近的一些超平面。为了保证搜索过程的多样化,该算法还集成了专门的扰动过程来提升算法的整体性能。对30 个基准算例的对比研究表明,与性能最好的 BMCP算法相比,IHS 算法具有很高的有效性和鲁棒性,并为 18 个算例发现了新的下界,同时只需较短的运行时间(通常小于 1 分钟）就能获得最佳解。

6.2.1 算法框架与具体内容

1. 算法框架

IHS算法着重探索由受基数约束的超平面所识别的一些有前景的子搜索空间,而不是在整个空间中搜索。使用超平面来限制搜索范围的想法已经被成功地应用于解决背包问题,如多维背包[226, 227]和二次背包问题[112]。IHS算法结合了 3 个互补的过程:利用禁忌搜索过程确定一个有希望的超平面,利用超平面搜索过程检查在受基数约束子空间上的候选解,利用专用的扰动过程使搜索多样化。

具体过程如算法 6-1 所示,该算法从一个动态贪婪初始化过程(算法 6-1,第 3 行)开始,在空间 Ω 中生成一个好的可行解,首先初始化已找到的最佳解 S^*(算法 6-1,第 4 行),然后运行一个"while"循环(算法 6-1,第 5～13 行)来执行主要过程,直到满足时间限制 t_{max}。在每一次"while"迭代中,当前解 S 通过禁忌搜索被改进(算法 6-1,第 6 行)。在使用禁忌搜索过程确定当前最好解 S 的超平面维度后(算法 6-1,第 7 行),超平面的搜索过程使用邻域 N_3 逐个检查候选解空间 $\Omega^{[k]}, \Omega^{[k+1]}, \cdots, \Omega^{[k+\gamma]}$,其中 γ 是一个参数(算法 6-1,第 8 行)。整体最好解 S^* 将有条件地被更新(算法 6-1,第 9～11 行),然后被用作贪婪随机扰动过程的输入解。扰动后的解作为下一个"while"循环的输入解。最后,IHS算法在满足截止时间 t_{max}时终止,同时返回记录的整体最好解 S^*。

算法 6-1 Iterated Hyperplane Search for BMCP

1: **input**:Instance I,cut-off time t_{max},depth of tabu search I_{max1},depth of hyperplane search I_{max2},limit of hyperplane search γ,neighborhoods N_1(flip),N_2(swap),N_3 (swap with infeasible search space),perturbation strength δ.

2: **output**:The overall best solution S^* found.

3: $S \leftarrow$ Dynamic_Greedy_Initialization(I)   /* S is the current solution */

4: $S^* \leftarrow S$

5: **while** Time $\leqslant t_{max}$ **do**

6:   $S \leftarrow$ Tabu_Search(S, $N_1 \bigcup N_2$, I_{max1})   /* Improve S by tabu search */

7:   $k \leftarrow$ Determine _ Hyperplane _ Dimension (S)   /* Calculate the hyperplane dimension k from the solution of tabu search */

8:   $S \leftarrow$ Hyperplane_Search(S ,k, γ, N_3, I_{max2})/* Improve k by hyperplane search starting from hyperplane k */

9:   **if** $f(S) > f(S^*)$ **then**

10:     $S^* \leftarrow S$

11:   **end if**

12： $S \leftarrow \text{Greedy\_Randomize\_Perturbation}(S,\delta)$

13： **end while**

14： **return** S^*

2. 具体内容

1）动态贪婪初始化过程

给定解 S 和对应的覆盖元素集合 E_S，设 u 为未选物品 $(u \notin S)$，E_u 为相应的元素集。然后，定义未被 S 选中的物品 u 的贡献，$\text{CT}_u = \sum\limits_{j \in E_u \land j \notin E_S} p_j$ 和物品 u 的动态密度 $\text{DD}_u = \text{CT}_u / w_u$。其中，$w_u$ 是物品 u 的权重。很明显，DD_u 值高的物品比 DD_u 值低的物品更有价值。动态贪婪初始化过程使用高 DD_u 的物品创建初始解。

动态贪婪初始化过程使用"while"循环迭代地将未选物品添加到初始解中，如算法 6-2 所示。具体来说，首先计算物品集 S 中每个未选物品的贡献 CT_u 以及相关的动态密度 DD_u。然后，识别出具有最大密度的物品 u^*，并将其添加到 S 中。这个过程一直迭代，直到满足预算 C。

算法 6-2 Dynamic Greedy Initialization

1： **input**：Instance I.

2： **output**：A feasible solution S.

3： $S \leftarrow \varnothing$

4： $W(S) \leftarrow 0$

5： **while** $W(S) \leqslant C$ **do**

6： CT $\leftarrow$ Calculate _ contribution ( )/ * Calculate the contribution of each non-selected item * /

7： DD $\leftarrow$ Calculate_dynamic_density(CT) / * Calculate the dynamic density of each non-selected item * /

8： Identify the item u^* with the maximum density in DD

9： **if** $w(u^*) + W(S) < C$ **then**

10： $S \leftarrow$ Add_item(u^*, S)

11： **else**

12： **break**；

13： **end if**

14： **end while**

15： **return** S

2）禁忌搜索过程

IHS 算法应用了禁忌搜索（TS）过程来探索可行域 Ω_F 内的局部最优解。如算法 6-3 所示，TS 过程首先初始化禁忌列表和局部最佳解 S_b（算法 6-3，第 4 和 5 行），然后主搜索过程执行"while"循环检查 Ω_F 中的候选解(算法 6-3,第 6~21 行)。在每次迭代中,确定联合邻域 $N_1(S) \bigcup N_2(S)$ 中的所有可接受邻域解,并使用最佳可接受邻域解 S' 进行更新(算法 6-3,第 7~13 行)。到目前为止找到的最佳解 S_b 和禁忌列表都进行相应更新(算法 6-3,第 14~20 行)。当 S_b 不能在 I_{max1} 次连续迭代内进行改进时,TS 过程终止并返回找到的最佳可行解 S_b。

算法 6-3　Tabu Search Procedure

1：　**input**：Input solution S, neighborhood N_1, N_2, the maximum number of iterations I_{max1}.

2：　**output**：Best solution S_b, found during tabu search.

3：　Initialize tabu_list

4：　$S_b \leftarrow S$

5：　$i \leftarrow 0$

6：　**while** $i \leqslant I_{max1}$ **do**

7：　　Find all admissible neighbor solutions $N'(S)$ in $N_1(S) \bigcup N_2(S)$

8：　　**if** $N'(S) \neq \varnothing$ **then**

9：　　　/ * Select the best admissible neighbor solution S' in $N'(S)$ * /

10：　　　$S' < \text{argmax}\{f(s') : s' \in N'(S)\}$

11：　　　$S \leftarrow \text{Add\_item}(u^*, S)$

12：　　**end if**

13：　　$S \leftarrow S'$ / * The selected neighbor solution becomes the new current solution * /

14：　　**if** $f(S) > f(S_b)$ **then**

15：　　　$f(S_b) \leftarrow f(S)$

16：　　　$i \leftarrow 0$

17：　　**else**

18：　　　$i \leftarrow i+1$

19：　　**end if**

20：　　Update tabu_list

21：**end while**

22：**return** S_b

---

(1)邻域和评估

为了有效地探索可行区域 Ω_F,TS 过程采用了由两个移动算子确定的联合邻域。具体而言,由 flip 和 swap 确定的联合邻域 N_1 和 N_2 分别可以写成:

$$N_1(S) = \{S' : S' = S \oplus \text{flip}(p), \ p \in S, \ \sum_{i=1}^{m} w_i x_i \leqslant C\} \tag{6-1}$$

$$N_2(S) = \{S' : S' = S \oplus \text{swap}(p, q), \ q \in V, \ p \in \bar{V}, \ \sum_{i=1}^{m} w_i x_i \leqslant C\} \tag{6-2}$$

其中,V 和 $\bar{V}$ 分别代表被选入和未被选入的物品集。

TS 过程探索了约束联合邻域 $N_1 \cup N_2$。在 $N_1 \cup N_2$ 中给定一个邻域解 S',计算总利润 $P(S')$ 的时间复杂度为 $O(mn)$。可以很容易地在 $O(1)$ 中获得 S' 的重量 $W(S')$,也就是说,$W(S')=W(S)+w_p-w_q$。为了加快对邻域 $N_1 \cup N_2$ 的检验,采用基于权重的过滤策略,以避免计算不可行邻域解的目标函数值(总利润)。具体来说,在 TS 过程的每次迭代中(算法 6-3,第 7 行),首先计算总权重,而不是总利润,然后进一步考虑满足预算约束的可行邻域解。这个过滤策略大大减少了计算联合邻域 $N_1 \cup N_2$ 的工作量。

为了进一步提高计算总利润时的计算效率,采用专门的增益更新策略(gain updating strategy),该策略的设计灵感来自为 SUKP 设计的简化技术[160, 189]。对于每个邻域解,使用 n 维向量来计算元素的频率。因此只需检查向量值发生变化的元素,就可以快速获得 $P(S')$。设 $P(S)$ 为 S 的总利润,对每个 S' 中的元素 j,增益更新策略涵盖了以下 3 种不同的情况。

$$P(S')=\begin{cases} P(S)+p_j, & G_j \text{ 从 0 变为非 0} \\ P(S)-p_j, & G_j \text{ 从非 0 变为 0} \\ P(S), & \text{其他} \end{cases} \tag{6-3}$$

设 $d_i = \sum_{j=1}^{n} M_{ij}$ 为物品对应的元素数,M 为给定算例的二进制关系矩阵。假设 $d_{max} = \max\{d_i, i=1,2,\cdots,m\}$ 代表元素的最大数量。这样计算 $P(S')$ 的时间复杂度就从 $O(mn)$(从头计算 $P(S')$)降低到 $O(|d_{max}|)$。

虽然 Li 等人[151]在求解 BMCP 时也使用了联合邻域 $N_1 \cup N_2$,但 IHS 算法采用了一种不同的方式来更有效地探索 $N_1 \cup N_2$。首先,使用过滤策略直接排除一些没有前途的解。其次,采用增益更新策略加速联合邻域中每个邻域解的评估。最后,使用 aspiration criterion 有条件地接受禁忌列表禁止的最佳邻域解。

(2)禁忌列表管理

TS 过程使用禁忌列表避免重访之前搜索到的解。通常,当执行移动操作(flip 或 swap)时,所涉及的物品被记录在 T 中,并且禁止在接下来的若干次连续迭代中被更改。在 IHS 算法中,对于 swap 操作,使用 $m \times n$ 矩阵来记录交换的物品 i 和 j,在后续的当前轮次的整个 TS 过程中,swap(i,j) 或 swap(j,i) 操作都将被禁止执行;对于 flip 操作,其只涉及一个物品 i,该物品在 TS 过程中将被禁止移动回其原来的集合(被选择的物品集或未被选的物品集)。因此,物品 i 不被允许再次参与 flip 操作,但仍然有资格进行 swap 操作。初步实验表明,这种禁忌列表管理比 Li 等人[151]应用的禁忌搜索技术更有效。此外,这里还使用 aspiration criterion[205]允许执行可以得到更好解的被禁忌移动操作。

3)超平面搜索过程

从禁忌搜索过程得到最好的可行解 $S_b=\{x_1,\cdots,x_m\}$,获得超平面维度 $k = \sum_{i=1}^{m} x_i$(在 S 中选中物品的数量)(算法 6-1,第 7 行)。如算法 6-4 所示,几个超平面 $k,k+1,\cdots,k+\gamma(\gamma$ 限制超平面搜索)被先后探索(算法 6-4,第 8~30 行)。对于给定的超平面,超平面搜索过程检查当前的可行区域和不可行区域。在当前轮次的超平面上的搜索结束时,会随机在当前解里加入一个未被选中的物品(算法 6-4,第 29 行),用于在下一轮的超平面搜索。这个过程在检查完最后一个超平面 $k+\gamma$ 时停止。

对于给定的超平面维度,超平面搜索过程执行内部的"while"循环(算法 6-4,第 8～27行)来检查候选解。为此,探索了以下不受约束的 swap 邻域,其中包括可行和不可行解。

$$N_3(S)=\{S';S'=S\oplus\text{swap}(q,p),q\in V,p\in \bar{V},1\leqslant i\leqslant m\}\tag{6-4}$$

其中,V 和 $\bar{V}$ 分别代表被选入和未被选入的物品集。

为执行从 S 过渡到邻域 $N_3(S)$ 的解 S',超平面的搜索过程遵循以下步骤(算法 6-4,第 9～19 行)。首先,初始化最低超重值 W_{omin} 和最大目标函数值 $f_{\max}$(算法 6-4,第 12 行)。然后,识别出满足以下两个条件的邻域解的子集(算法 6-4,第 13～16 行):(1)超重值 $W_{S'}$ 小于 W_{omin};(2) $W_{S'}$ 等于 W_{omin},但优于目前发现的 $f_{\max}$。考虑到邻域中可能有几个具有相等 $W_{S'}$ 和 $F(S')$ 值的邻域解,使用集合来保存这些相等的邻域解。最后,具有最大 $F(S')$ 值或最小 $W_o(S')$ 值的邻域最优解被选中以替换当前解(算法 6-4,第 19 行)。因此,S 的总权重总是接近给定的预算(背包约束),这有利于找到可行域内的高质量可行解和可行性边界附近不太差的不可行解。在当前解被更新之后,在超平面搜索过程中遇到的最好解 S_b 和计数器将在需要时被更新(算法 6-4,第 20～25 行)。值得注意的是,这里的超平面搜索不需要额外的惩罚函数来评估不可行解,这使得本章算法比传统的惩罚函数方法[228,229]更简单。同时,为了防止搜索陷入死循环,超平面搜索过程使用了禁忌列表技术。

在超平面搜索过程中,只接受使用比 S_b 更好且满足预算约束的可行邻域解来更新找到的最佳可行解 S_b(算法 6-4,第 21～22 行)。因此,IHS 算法总是在超平面搜索过程结束时返回一个可行解 S_b。

算法 6-4 Hyperplane Search Procedure

1: **input**:Input solution S, starting hyperplane k, limit of hyperplane search γ, search depth for one hyperplane $I_{\max2}$, neighborhood N_3.

2: **output**:The best feasible solution S_b, found during the hyperplane search and the last local optimum S_l, found by the hyperplane search.

3: $S_b\leftarrow S$

4: $K\leftarrow k+\gamma$ /* The hyperplane search explores hyperplanes $k,k+1,\cdots,k+\gamma$ */

5: **while** $k\leqslant K$ **do**

6:   $i\leftarrow 0$

7:   Initialize tabu_list

8:   **while** iter$<I_{\max2}$ **do**

9:     $(W_{\text{omin}},f_{\max})\leftarrow(\infty,-\infty)$

10:     $N'(S)\leftarrow\varnothing$

11:     **for** Each admissible neighbor solution S' in $N_3(S)$ **do**

12:       Calculate the overweight value $W_o(S')$ by Equation $W_o(S)=\max\{W(S)-C,0\}$

13:       **if**$(W_o(S')<W_{\text{omin}})\vee(W_o(S')=W_{\text{omin}}\vee f(S')>f_{\max})$ **then**

14： $\quad (W_{omin}, f_{max}) \leftarrow (W_o(S'), f(S'))$

15： $\quad N'(S) \leftarrow S'$

16：   **end if**

17：   **end for**

18：   Select the best neighbor solution S' in $N(S)$ with the least $W_o(S')$ or with the largest $f(S')$

19： $S \leftarrow S'$

20：   **if** $(f(S) > f(S_b)) \wedge (W(S) \leqslant C)$ **then**

21： $S_b \leftarrow S$

22： $i \leftarrow 0$

23：   **else**

24： $i \leftarrow i+1$

25：   **end if**

26：   Update tabu_list

27：   **end while**

28： $k \leftarrow k+1$

29： $S \leftarrow$ Random _ add _ one _ item (S) /* Create the starting solution of next hyperplane search */

30： **end while**

31： **return** S_b

4）贪婪随机扰动过程

在超平面搜索阶段之后，IHS 算法通过执行贪婪随机扰动来实现搜索过程的多样化。这个扰动过程通过先删除一些已选物品然后添加一些未选物品来修改超平面搜索的最后一个解。删除和添加物品的选择基于每个物品的贡献和相应的动态密度。

如算法 6-5 所示，扰动过程包括两个 while 循环。第一个"while"循环（算法 6-5，第 5～11 行）用于从解中删除一些没有希望的物品，因此，需要为 S 中每个选定的物品计算其贡献价值、动态密度值 DD_u 和概率 P_u。然后，根据概率 P_u 迭代地从中删除物品，直到 $|S| \times \delta_{max}$ 个物品被删除，其中 δ_{max} 是一个参数。第二个"while"循环（算法 6-5，第 12～19 行）随机添加未被选的物品，直到满足给定的预算（背包约束）。

算法 6-5   Greedy Randomized Perturbation Procedure

1： **input**：Input solution S.

2： **output**：The perturbed solution S, perturb strength δ_{max}.

3： $\delta \leftarrow 0$

4： $K \leftarrow k+\gamma$ /* The hyperplane search explores hyperplanes $k, k+1, \cdots, k+\gamma$ */

5： **while** $\delta \leqslant |S| \delta_{max}$ **do**

6： CT ← Calculate_contribution(S)

7： DD ← Calculate_dynamic_density(CT)

8： P ← Calculate_probability(DD)

9： S ← Drop_one_item(P, S)

10： $\delta = \delta + 1$

11： **end while**

12： **while** $W(S) \leqslant C$ **do**

13： Random choose one non-selected item i

14： **if** $w(i) + W(S) \leqslant C$ **then**

15： S ← Add_item(i, S)

16： **else**

17： **break；**

18： **end if**

19： **end while**

20： **return** S

5）复杂性分析

对于动态贪婪初始化过程，主要的"while"循环（算法 6-2，第 5～14 行）可以在 $O(m^2 n)$ 中实现。给定初始化过程的最大迭代次数 I_i，相应的时间复杂度为 $O(m^2 n \times I_i)$。给定已选物品集 V 和未选物品集 $\bar{V}$，TS 过程的主迭代可在 $O((m + |V| \times |\bar{V}|) \times n)$ 中实现。因此，TS 过程的时间复杂度为 $O((m + |V| \times |\bar{V}|) \times n \times I_{max1})$，其中 I_{max1} 为其最大迭代次数。由于在超平面搜索过程中只使用了 swap 操作，所以对应的时间复杂度可以表示为 $O((m + |V| \times |\bar{V}|) \times n \times I_{max2})$，其中 I_{max2} 为一个超平面的搜索深度。贪婪随机扰动程序可以在 $O(m^2 n \times |V|)$ 中实现。I_{max} 是 IHS 算法的最大迭代次数，整个算法的时间复杂度是 $O(m^2 n \times (I_{max1} + I_{max2}) \times I_{max})$。

6.2.2 实验结果与比较

1. 基准测试算例和实验设置

Li 等人[151]提出了 30 个基准算例，各算例含 585～1 000 个物品和元素。给定一个关系矩阵，其中矩阵元 $M_{ij} = 1$ 表示物品 i 包含元素 j，则 $\alpha = \left(\sum_{i=1}^{m} \sum_{i=1}^{n} M_{ij} \right) / (mn)$ 是关系矩阵中 $M_{ij} = 1$ 的密度，令 C 是给定的预算，BMCP 算例可以用 $m\_n\_\alpha\_C$ 表示。对于这 30 个算例，α 设置为 0.05 或 0.075，C 设置为 1 500 或 2 000。

IHS 算法用 C＋＋编写的，并使用带有-O3 选项的 g＋＋编译器进行编译。实验在

Intel Xeon E5-2670 计算机上进行,其 CPU 为 2.5 GHz,内存为 2 GB,操作系统为 Linux。

IHS 算法需要 4 个参数:禁忌搜索深度 I_{max1}、超平面搜索深度 I_{max2}、超平面搜索极限 γ、扰动强度 δ。由于预算限制,因此 γ 的值不应该太大。在本项工作中,γ 被设置为 2,对于其他 3 个参数,使用"Irace"工具自动确定它们的值。调优实验基于 7 个具有代表性的基准算例,截止时间为 200 s。表 6-1 显示了"Irace"推荐的参数的候选值和最终值。

表 6-1 IHS 算法参数设置

参数	描述	候选值	最终值
I_{max1}	禁忌搜索深度	{1 000, 1 500, 2 000, 2 500, 3 000}	2 000
I_{max2}	超平面搜索深度	{100, 150, 200, 250, 300}	250
δ	扰动强度	{0.3, 0.4, 0.5, 0.6, 0.7}	0.6
γ	超平面搜索极限	—	2

参考算法采用最佳近似算法(AA)[145]和基于概率学习的禁忌搜索(PLTS)算法[151]。如参考文献[151]所示,PLTS 算法是目前解决 BMCP 最好的启发式算法。此外,向 CPLEX 求解器中加入了 Li 等人[151]在 5 小时运行时间下得到的最佳下界(LB)和上界(UB),计算出的结果也参与对比。注意,IHS 算法和 PLTS 算法使用相同的计算环境,这确保了公平的对比。

IHS 算法的截止时间设置为 600 s,与参考算法一致。考虑到算法的随机性,根据参考文献[151],每个算例由 IHS 算法用不同的随机种子独立求解 30 次。

2. 计算结果与比较

表 6-2 显示了 IHS 算法和参考算法在 30 个 BMCP 基准算例上的对比结果。第 1 列显示 BMCP 的算例名,第 2 列和第 3 列显示了 CPLEX 获得的下界(LB)和上界(UB);其余列提供了算法 AA、PLTS 和 IHS 的详细结果,基于四个性能指标:最佳目标值(f_{best})、平均目标值(f_{avg})、标准差(std)和达到 f_{best} 时的平均运行时间 t_{avg}(单位为 s);最后一行表示每列的平均值。

从表 6-2 可以看出,IHS 算法的各项性能指标均优于参考算法。IHS 算法发现了 18 个新的下界(f_{best} 值),剩下的 12 个算例中该算法也能获得相同的 f_{best} 结果。与 AA 算法相比,IHS 算法在 30 个算例中无一例外地获得了更好的 f_{best} 值。与主要参考算法 PLTS 算法相比,IHS 算法在 f_{best} 值和 f_{avg} 值方面仍然具有很强的竞争力。此外,IHS 算法具有很高的鲁棒性,因为它可以在 26 个算例中达到 100% 的成功率。此外,最后一行中平均运行时间 t_{avg} 的值表明 IHS 算法具有较高的计算效率。

为了更好地说明对比结果,表 6-3 中报告了 IHS 算法与 2 种参考算法的比较。表 6-3 提供了与每个参考算法相比,IHS 算法获得更好、相同或更差结果的算例数(对应于第 3～5 列),以及 Wilcoxon 符号秩检验对应的 p 值,以评估对比算法之间的显著性差异。从表 6-3 可以看出,IHS 算法完全优于 AA;IHS 算法也比 PLTS 算法表现更好,得到了 18 个更好的 f_{best} 值和 29 个更好的 f_{avg} 值;最后一栏的很小的 p 值($\ll 0.05$)证实了 IHS 算法与参考算法的差异具有统计学意义。

表 6-2 IHS 算法与参考算法在 30 个 BMCP 基准算例上的对比结果

Instance	CPLEX		AA	PLTS				IHS			
	LB	UB	f_{best}	f_{best}	f_{avg}	Std	t_{avg}	f_{best}	f_{avg}	Std	t_{avg}
585_600_0.05_2000	70 742	74 224.94	70 494	71 102	71 065.17	82.36	309.602	71 102	**71 097.23**	5.45	13.454
585_600_0.075_1500	69 172	76 716.90	68 475	70 677	70 677	0	61.242	**71 025**	**71 025**	0	28.006
600_600_0.05_2000	68 477	72 880.93	66 095	68 738	68 472	71.09	95.638	68 738	**68 738**	0	0.162
600_600_0.075_1500	71 018	76 337.67	70 445	71 746	71 746	0	27.975	**71 904**	**71 904**	0	17.295
600_585_0.05_2000	66 452	71 094.27	67 256	67 636	67 460.8	350.4	202.66	67 636	**67 636**	0	0.041
600_585_0.075_1500	701 13	76 332.85	68 005	70 588	70 406.63	105.09	584.205	70 588	**70 588**	0	82.744
685_700_0.05_2000	80 783	88 447.67	79 778	81 227	80 585.73	508.37	522.06	81 227	**81 227**	0	47.099
685_700_0.075_1500	81 639	91 378.98	80 457	82 955	82 951.4	19.39	109.67	**83 286**	**83 175.67**	156.03	234.167
700_700_0.05_2000	77 056	84 855.44	76 552	78 028	77 859.27	75.16	127.445	**78 458**	**78 458**	0	4.958
700_700_0.075_1500	81 645	92 151.99	83 400	84 576	84 375.7	550.91	196.995	84 576	**84 576**	0	0.029
700_685_0.05_2000	77 176	82 815.11	76 600	78 054	78 037	51	197.59	78 054	**78 054**	0	7.403
700_685_0.075_1500	760 33	86 566.79	75 224	78 869	78 869	0	46.987	78 869	78 869	0	5.199
785_800_0.05_2000	91 319	101 585.69	90 975	92 608	92 587.6	34.3	252.589	**92 740**	**92 740**	0	175.372
785_800_0.075_1500	92 358	106 842.67	90 786	94 245	94 245	0	248.128	**95 221**	**95 221**	0	0.017
800_800_0.05_2000	89 872	100 373.77	89 582	91 795	91 576.27	309.05	307.274	91 795	**91 795**	0	5.292
800_800_0.075_1500	94 049	108 005.62	93 115	95 533	95 509.6	70.2	239.146	**95 995**	**95 995**	0	33.042

续表

Instance	CPLEX		AA	PLTS				IHS			
	LB	UB	f_{best}	f_{best}	t_{avg}	Std	t_{avg}	f_{best}	t_{avg}	Std	t_{avg}
800_785_0.05_2000	86 813	97 477.34	86 750	89 138	88 581.2	103.4	204.141	**89 138**	89 138	0	0.116
800_785_0.075_1500	89 229	102 867.98	90 548	91 021	91 010.2	25.67	297.211	**91 856**	91 856	0	0.314
885_900_0.05_2000	99 845	113 746.97	99 498	102 162	101 331.53	174.95	206.025	**102 277**	102 277	0	4.427
885_900_0.075_1500	102 933	122 093.51	105 793	106 577	105 942.43	334.18	489.396	**106 940**	106 940	0	4.378
900_900_0.05_2000	100 412	114 551.09	98 893	101 265	101 231.17	62.94	325.683	**102 055**	101 727.73	277.52	348.347
900_900_0.075_1500	101 035	119 626.49	103 795	104 521	104 521	0	176.865	**105 081**	105 081	0	0.623
900_885_0.05_2000	96 945	109 948.52	98 337	98 840	98 718	151.34	227.976	**99 590**	99 590	0	0.359
900_885_0.075_1500	99 888	118 554.77	100 359	105 141	104 397.93	691.61	229.644	105 141	105 141	0	55.619
985_1000_0.05_2000	107 488	124 487.37	108 105	109 567	109 408.77	227.85	212.193	**110 669**	110 669	0	29.281
985_1000_0.075_1500	111 177	133 789.78	113 137	114 969	113 838.07	509.34	485.677	**115 505**	115 505	0	27.238
1000_1000_0.05_2000	111 155	128 583.63	111 786	112 802	111 897.07	636.78	577.668	**113 331**	113 316.2	29.6	61.536
1000_1000_0.075_1500	115 824	137 900.4	118 869	120 246	118 467.87	546.67	279.22	120 246	120 246	0	0.307
1000_985_0.05_2000	110 134	125 574.84	107 548	111 859	111 228.8	828.72	244.92	**112 057**	112 057	0	155.882
1000_985_0.075_1500	108 801	130 981.38	111 778	112 250	112 125.87	143.22	234.614	**113 615**	113 615	0	0.251
# Avg	89 986.10	102 359.84	90 081.17	91 957.83	91 637.47	222.13	257.348	**92 290.5**	92 275.26	15.62	44.765

表 6-3 IHS 算法与两种参考算法的比较

Algorithm pair	Indicator	# Wins	# Ties	# Losses	p-value
IHS vs. AA	f_{best}	30	0	0	1.73e−06
IHS vs. PLTS	f_{best}	18	12	0	1.96e−04
	f_{avg}	29	1	0	2.56e−06

图 6-1 所示为根据 f_{best} 值和 f_{avg} 值比较 3 种算法的性能概况(更详细的信息参见参考文献[207])。在图 6-1 中,每条曲线与纵轴的交点表示对应的算法在所有算法中能够达到最好结果的比例。从图 6-1 中可以清楚地看到,IHS 算法的曲线严格位于 AA 和 PLTS 算法的曲线之上。这表明 IHS 算法相对于 AA 和 PLTS 算法,在测试算例中获得最佳结果的累积概率更大。这一比较证实了 IHS 算法与 AA 和 PLTS 算法相比是高效和稳健的。

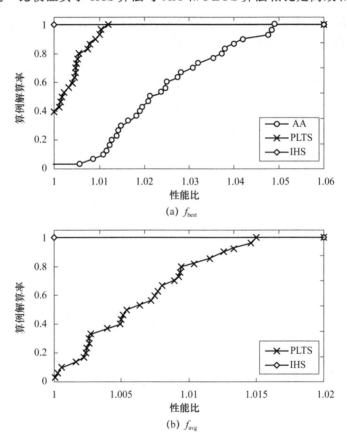

图 6-1 根据 f_{best} 值和 f_{avg} 值比较 3 种算法的性能概况

6.2.3 分析与总结

1. 参数分析

进行二级全析因实验[183]来研究 IHS 算法的主要参数(禁忌搜索深度 I_{max1}、超平面搜索

深度 I_{max2} 和扰动强度 δ)的相互作用效应。该实验基于 7 个选定的不同大小和特征的算例：585_600_0.05_2000、685_700_0.075_1500、785_800_0.05_2000、900_900_0.05_2000、985_1000_0.075_1500、1000_985_0.05_2000、1000_1000_0.05_2000。具体而言，以表 6-1 中各测试参数的边界值作为本实验的高水平(high level)和低水平(low level)。因此，得到 8 (2^3)个参数组合。对于每个算例，用每个参数组合运行 HIS 算法 30 次，然后使用 f_{best} 在七个算例上的平均结果进行分析。方差分析中，p 值为 0.695，说明这三个参数之间的交互作用无统计学意义。

接下来，分析参数 γ 的影响。由于 BMCP 的预算限制，γ 值太大总是会引导 IHS 算法到不可行域，这显然是不合适的。在这个实验中，γ 设置为 1~5，步长为 1。使用这 5 个 γ 值运行 IHS 算法，用默认参数设置来求解 7 个选定的算例。图 6-2 所示的结果表明，当 $\gamma=$ 2, 3, 4 时，IHS 算法的平均结果 f_{avg} 和平均运行时间 t_{avg} 相似；而当 $\gamma=1,5$ 时，IHS 得到的结果较差。毫无疑问，当 $\gamma=5$ 时，IHS 算法需要更长的时间才能得到更差的结果。这个实验证明，选择 $\gamma=2$ 作为该参数的默认值是合理的。

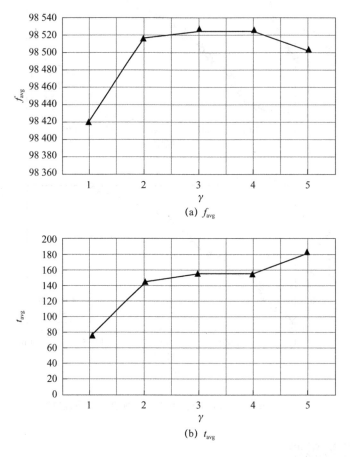

(a) f_{avg}

(b) t_{avg}

图 6-2　IHS 算法在不同 γ 值下的性能

2. 超平面搜索的有效性

超平面搜索策略是 IHS 算法的重要组成部分。通过将 γ 设置为 0 禁用超平面搜索组件来构造一个 IHS 算法的变体(由 IHS－表示)。因此，IHS－将只探索由禁忌搜索程序识

别的当前超平面 k 上的可行区域和不可行区域。本实验通过运行 IHS 算法和 IHS－算法来根据默认的参数设置求解 30 个算例。

表 6-4 显示了这个实验的结果,包括 f_{best}、f_{avg} 和 std 的值。表 6-4 的最后两行显示了每列的平均值(♯Avg)和每个变量在每列中达到最佳结果的算例数(♯Best)。表 6-4 显示了 IHS 算法在超平面搜索过程中表现更好。具体来说,IHS 算法为 8 个算例算得了更好的 f_{best} 结果,并为剩余算例实现了与 IHS－算法相同的 f_{best} 值。在 f_{avg} 方面,IHS 算法在 14 个算例上的表现优于 IHS－算法。IHS 算法还具有更好的标准差,这意味着它比 IHS－算法更稳健。最后,$p < 0.05$,表明 IHS 算法与 IHS－算法之间存在显著差异。这些结果证明了 IHS 算法超平面搜索策略的优越性。

表 6-4 IHS 算法与 IHS－算法在 30 个算例上的计算结果比较

Instance	IHS			IHS－		
	f_{best}	f_{avg}	std	f_{best}	f_{avg}	std
585_600_0.05_2000	71 102	71 097.23	5.45	71 102	71 097.23	5.45
585_600_0.075_1500	**71 025**	**71 025**	0	70 677	70 654.80	59.8
600_600_0.05_2000	68 738	68 738	0	68 738	68 738	0
600_600_0.075_1500	**71 904**	**71 904**	0	71 746	71 746	0
600_585_0.05_2000	67 636	67 636	0	67 636	67 636	0
600_585_0.075_1500	**70 588**	**70 588**	0	70 318	70 318	0
685_700_0.05_2000	81 227	**81 227**	0	81 227	81 084.20	218.13
685_700_0.075_1500	**83 286**	**83 175.67**	156.03	82 955	82 955	0
700_700_0.05_2000	78 458	78 458	0	78 458	78 458	0
700_700_0.075_1500	84 576	84 576	0	84 576	84 576	0
700_685_0.05_2000	78 054	**78 054**	0	78 054	78 043.20	58.16
700_685_0.075_1500	78 869	78 869	0	78 869	78 869	0
785_800_0.05_2000	**92 740**	**92 740**	0	92 608	92 531.27	133.1
785_800_0.075_1500	95 221	95 221	0	95 221	95 221	0
800_800_0.05_2000	91 795	91 795	0	91 795	91 795	0
800_800_0.075_1500	**95 995**	**95 995**	0	95 533	95 533	0
800_785_0.05_2000	89 138	89 138	0	89 138	89 138	0
800_785_0.075_1500	91 856	91 856	0	91 856	91 856	0
885_900_0.05_2000	102 277	102 277	0	102 277	102 277	0
885_900_0.075_1500	106 940	106 940	0	106 940	106 940	0
900_900_0.05_2000	**102 055**	**101 727.73**	277.52	101 265	101 265	0
900_900_0.075_1500	105 081	105 081	0	105 081	105 081	0
900_885_0.05_2000	99 590	99 590	0	99 590	99 590	0
900_885_0.075_1500	105 141	**105 141**	0	105 141	103 302.30	612.9
985_1000_0.05_2000	110 669	**110 669**	0	110 669	110 598.30	212.42
985_1000_0.075_1500	115 505	**115 505**	0	115 505	115 436.47	174.73

Instance	IHS			IHS—		
	f_{best}	f_{avg}	std	f_{best}	f_{avg}	std
1000_1000_0.05_2000	113 331	**113 316.2**	29.6	113 331	113 308.80	33.91
1000_1000_0.075_1500	120 246	120 246	0	120 246	120 246	0
1000_985_0.05_2000	**112 057**	**112 057**	0	111 859	111 847.33	21.15
1000_985_0.075_1500	113 615	113 615	0	113 615	113 615	0
#Avg	**92 290.5**	**92 275.26**	15.62	92 200.87	92 125.23	50.99
#Best	30	30	—	22	16	—

3. 收敛性分析

为了对比 IHS 算法和参考算法 PLTS 的运行性能,进行了额外的收敛性分析。本实验在 685_700_0.075_1500 和 900_900_0.05_2000 这两个困难算例上进行。将每个算法运行 30 次,每次的运行时间设置为 600 s。图 6-3 所示为 IHS 算法和参考算法 PLTS 的收敛性分析,其中横坐标为运行时间,纵坐标为各算法在 t 时刻达到的最佳目标值。

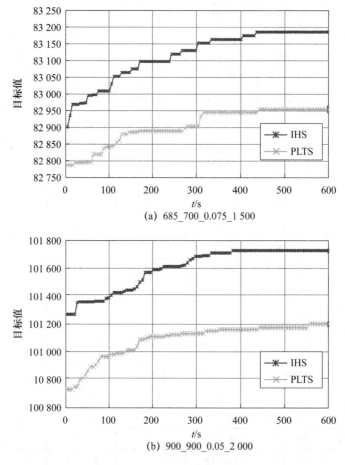

图 6-3　IHS 算法和参考算法 PLTS 的收敛性分析

图 6-3 证实了 IHS 算法对 PLTS 算法的优势,因为 IHS 曲线严格地在 PLTS 曲线之上,这意味着 IHS 算法不仅比 PLTS 算法收敛得快,而且收敛得更好。这些结果证实了与 PLTS 算法相比,IHS 算法的性能更好。

4. 目标-时间分析

目标-时间分析(TTT 分析)可以用于进一步比较 IHS 算法和 PLTS 算法的计算效率。具体而言,TTT 分析即分析 IHS 算法和 PLTS 算法实现给定目标值所需的时间。这个实验基于两个大规模的算例(1000_985_0.05_2000 和 985_1000_0.05_2000),这两个算例的目标值分别设置为 111 000 和 109 400。实验中使用默认的参数设置独立运行 IHS 算法和 PLTS 算法各 100 次。当达到设定的目标值时,每次运行立即终止,相应的运行时间作为实验的输出。TTT 分析的结果如图 6-4 所示。横轴和纵轴分别显示运行时间和到达给定目标的累积概率。IHS 算法的 TTT 线严格地位于 PLTS 算法的 TTT 线之上,表明 IHS 算法能够以显著更高的累积概率达到给定的目标。这个实验再次表明了 IHS 算法在计算效率方面的优越性。

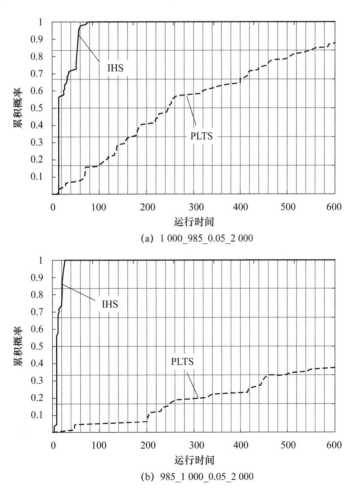

(a) 1 000_985_0.05_2 000

(b) 985_1 000_0.05_2 000

图 6-4 IHS 算法和 PLTS 算法的目标-时间分析

5. 总结

BMCP 是一个适用于多种应用的重要模型。本章介绍了迭代超平面搜索算法,该算法结合了可行区域内的有效禁忌搜索、兼顾可行区域和不可行区域的超平面搜索和增强算法扩散性的扰动模块,从而确保算法的性能。

在 30 个基准算例上进行了评估,测试结果表明,IHS 算法优于目前最先进的算法。该算法在 18 个算例上获得了改进的下界。因此,未来研究其他有价值的超平面识别技术将是有意义的。此外,由于每个超平面定义了 BMCP 的一个子问题,因此在超平面搜索过程中,采用精确算法或通用混合整数规划求解器能否获得更好的结果将是值得探索的工作。由于现有的研究多集中于实用启发式算法,其解的质量在理论上无法保证,因此为了获得质量有保证的解,需要使用精确算法和近似算法。然而,对于 BMCP,仍缺少理论上可以提供最优解的专用精确算法,而只有一种近似比为 $(1-1/e)$ 的近似算法[145]。因此,需要对这些方法进行研究,设计出具有实际应用价值的精确或近似算法,以期为这些算例提供最优解或新的上下界。

第 7 章

总　结

本书深入探讨了元启发式算法及其在解决多个背包问题的变种问题中的应用。

第 1 章首先明确了背包问题的基本定义及其在各行各业中的广泛应用,然后引入了优化算法的基础知识,为后续章节的介绍提供一个清晰的起点。

第 2 章详细介绍了元启发式算法的核心概念及其在解决优化问题中的重要性,逐一讨论了模拟退火、禁忌搜索、遗传算法、迭代局部搜索、变邻域搜索和模因算法的算法思想、基本流程和算法伪代码。这些算法在解决复杂优化问题方面展现了独特的优势和应用潜力。

第 3 章着重介绍了背包问题的变种问题,包括子集求和问题、多重背包问题、多维选择背包问题、多维背包问题、二次背包问题、多重二次背包问题、装箱问题、集合联盟背包问题、冲突约束背包问题、预算最大覆盖问题等。第 3 章介绍了每个问题的模型,并讨论了其在现实世界中的应用实例,涉及金融投资、生产制造、密码学和资源分配等领域。这些背包问题的变种问题不仅在理论上具有挑战性,而且在实际应用中也具有广泛的应用场景。

第 4~6 章专注于几个近年来受到较多关注的背包问题的变种问题,并详细展示了如何使用元启发式算法解决这些 NP 困难问题:详细介绍了求解这些问题的元启发式算法,包括针对 SUKP 的迭代两阶段局部搜索算法、基于核的禁忌搜索算法和多起点基于解的禁忌搜索算法,针对 DCKP 的基于阈值搜索的模因算法和响应式策略振荡搜索算法,针对 BMCP 的迭代超平面搜索算法。这 3 章展示了上述各个算法设计和实现的具体步骤,提供了各个算法性能的评估和对比分析,并针对每个算法探讨了其局限性和未来的研究方向。

本书涵盖元启发式算法及其在求解背包问题的变种问题上的基本应用,旨在为读者提供一个易于理解的入门指南。书中用简明扼要的案例,帮助读者构建起对元启发式算法和组合优化的初步了解和兴趣,希望能够通过本书帮助到那些对这一领域感兴趣的读者开始学习的旅程,并探索更多的可能性。

参 考 文 献

[1] MATHEWS G B. On the partition of numbers [J]. Proceedings of the London Mathematical Society, 1896, 1(1): 486-490.

[2] KAPLAN S. Solution of the Lorie-Savage and similar integer programming problems by the generalized Lagrange multiplier method [J]. Operations Research, 1966, 14 (6): 1130-1136.

[3] CORD J. A method for allocating funds to investment projects when returns are subject to uncertainty [J]. Management Science, 1964, 10(2): 335-341.

[4] BELLMAN R E, DREYFUS S E. Applied dynamic programming [M]. New Jersey: Princeton university press, 2015.

[5] GILMORE P, GOMORY R E. The theory and computation of knapsack functions [J]. Operations Research, 1966, 14(6): 1045-1074.

[6] MARTELLO S, TOTH P. Algorithms for knapsack problems [J]. North-Holland Mathematics Studies, 1987, 132: 213-257.

[7] FEUERMAN M, WEISS H. A mathematical programming model for test construction and scoring [J]. Management Science, 1973, 19(8): 961-966.

[8] SKIENA S S. Who is interested in algorithms and why? Lessons from the Stony Brook algorithms repository [J]. ACM Sigact News, 1999, 30(3): 65-74.

[9] BELLMAN R. Dynamic programming princeton university press princeton [J]. New Jersey Google Scholar, 1957: 24-73.

[10] GILMORE P C, GOMORY R E. A linear programming approach to the cutting-stock problem [J]. Operations research, 1961, 9(6): 849-859.

[11] KOLESAR P J. A branch and bound algorithm for the knapsack problem [J]. Management science, 1967, 13(9): 723-735.

[12] VECCHI M P, KIRKPATRICK S. Global wiring by simulated annealing [J]. IEEE Transactions on Computer-Aided Design of Integrated Circuits and Systems, 1983, 2(4): 215-222.

[13] CARNEVALI P, COLETTI L, PATARNELLO S. Image processing by simulated annealing [M]. Amsterdam: Elsevier, 1987.

[14] DAREMA F, KIRKPATRICK S, NORTON V A. Parallel algorithms for chip

placement by simulated annealing [J]. IBM Journal of Research and Development, 1987, 31(3): 391-402.

[15] GOLDBERG D E. A note on Boltzmann tournament selection for genetic algorithms and population-oriented simulated annealing [J]. Complex Systems, 1990, 4: 445-460.

[16] MU C-H, XIE J, LIU Y, et al. Memetic algorithm with simulated annealing strategy and tightness greedy optimization for community detection in networks [J]. Applied Soft Computing, 2015, 34: 485-501.

[17] HAO J K, DORNE R, GALINIER P. Tabu search for frequency assignment in mobile radio networks [J]. Journal of heuristics, 1998, 4(1): 47-62.

[18] HAMIEZ J-P, HAO J K. Solving the sports league scheduling problem with tabu search [C]//Local Search for Planning and Scheduling. Berlin, Heidelberg: Springer, 2001: 24-36.

[19] HAMIEZ J-P, HAO J K, GLOVER F W. A study of tabu search for coloring random 3-colorable graphs around the phase transition [J]. International Journal of Applied Metaheuristic Computing (IJAMC), 2010, 1(4): 1-24.

[20] LU Z, HAO J K, ZHOU Y. Stagnation-aware breakout tabu search for the minimum conductance graph partitioning problem [J]. Computers & Operations Research, 2019, 111: 43-57.

[21] HOLLAND J H. Genetic algorithms and the optimal allocation of trials [J]. SIAM journal on computing, 1973, 2(2): 88-105.

[22] GREFENSTETTE J J. Genetic algorithms and machine learning [C]//Proceedings of the Sixth Annual Conference on Computational Learning Theory. New York, USA: Association for Computing Machinery, 1993: 3-4.

[23] GOLDBERG D E, KORB B, DEB K. Messy genetic algorithms: Motivation, analysis, and first results [J]. Complex systems, 1989, 3(5): 493-530.

[24] LAURENT B, HAO J K. Iterated local search for the multiple depot vehicle scheduling problem [J]. Computers & Industrial Engineering, 2009, 57(1): 277-286.

[25] ZHOU Y, HAO J K. An iterated local search algorithm for the minimum differential dispersion problem [J]. Knowledge-Based Systems, 2017, 125: 26-38.

[26] WEI Z, HAO J K. Iterated two-phase local search for the Set-Union Knapsack Problem [J]. Future Generation Computer Systems, 2019, 101: 1005-1017.

[27] DE CAMPOS L M, FERNÁNDEZ-LUNA J M, PUERTA J M. An iterated local search algorithm for learning Bayesian networks with restarts based on conditional independence tests [J]. International Journal of Intelligent Systems, 2003, 18(2): 221-235.

[28] MLADENOVIĆ N, HANSEN P. Variable neighborhood search [J]. Computers & operations research, 1997, 24(11): 1097-1100.

[29] HANSEN P, MLADENOVIĆ N. Variable neighborhood search: Principles and applications [J]. European journal of operational research, 2001, 130(3): 449-467.

[30] HANSEN P, MLADENOVIĆ N, BRIMBERG J, et al. Variable neighborhood search [M]//GENDREAU M, POTVIN J-Y. Handbook of Metaheuristics. 3rd Ed. Berlin, Heidelberg: Springer, 2019: 57-97.

[31] HANSEN P, MLADENOVIĆ N, TODOSIJEVIĆ R, et al. Variable neighborhood search: basics and variants [J]. EURO Journal on Computational Optimization, 2017, 5(3): 423-454.

[32] GALLARDO J E, COTTA C, FERNÁNDEZ A J. On the hybridization of memetic algorithms with branch-and-bound techniques [J]. IEEE Transactions on Systems, Man, and Cybernetics, Part B (Cybernetics), 2007, 37(1): 77-83.

[33] NERI F, COTTA C. Memetic algorithms and memetic computing optimization: A literature review [J]. Swarm and Evolutionary Computation, 2012, 2: 1-14.

[34] ZHOU J, JI Z, ZHU Z, et al. Compression of next-generation sequencing quality scores using memetic algorithm [C]//Proceedings of the 2013 International Conference on Intelligent Computing (ICIC 2013). London, England: BMC Bioinformatics, 2014: S10.

[35] WEI Z, HAO J K. A threshold search based memetic algorithm for the disjunctively constrained knapsack problem [J]. Computers & Operations Research, 2021, 136: 105447.

[36] IBARRA O H, KIM C E. Fast approximation algorithms for the knapsack and sum of subset problems [J]. Journal of the ACM (JACM), 1975, 22(4): 463-468.

[37] LAWLER E L. Fast approximation algorithms for knapsack problems [C]//18th Annual Symposium on Foundations of Computer Science. Providence, RI, USA: IEEE, 1977: 206-213.

[38] KARP R M. The fast approximate solution of hard combinatorial problems [C]// Proc. 6th South-Eastern Conf. Combinatorics, Graph Theory and Computing. Gainesville, America: Florida Atlantic U, 1975: 15-31.

[39] KELLERER H, MANSINI R, PFERSCHY U, et al. An efficient fully polynomial approximation scheme for the subset-sum problem [J]. Journal of Computer and System Sciences, 2003, 66(2): 349-370.

[40] MARTELLO S, TOTH P. Knapsack problems: algorithms and computer implementations [M]. New Jerney: John Wiley & Sons, Inc. , 1990.

[41] CAPRARA A, KELLERER H, PFERSCHY U. The multiple subset sum problem [J]. SIAM Journal on Optimization, 2000, 11(2): 308-319.

[42] KELLERER H, PFERSCHY U, PISINGER D, et al. Multidimensional knapsack problems [M]. Berlin, Germany: Springer Berlin Heidelberg, 2004.

[43] LABBé M, LAPORTE G, MARTELLO S. Upper bounds and algorithms for the

maximum cardinality bin packing problem [J]. European Journal of Operational Research, 2003, 149(3): 490-498.

[44] KARP R M. Reducibility among combinatorial problems [M]. Berlin, Germany: Springer Berlin Heidelberg, 2010.

[45] GAREY M R, JOHNSON D S. Complexity results for multiprocessor scheduling under resource constraints [J]. SIAM journal on Computing, 1975, 4 (4): 397-411.

[46] DYCKHOFF H. A typology of cutting and packing problems [J]. European journal of operational research, 1990, 44(2): 145-159.

[47] WäSCHER G, HAUßNER H, SCHUMANN H. An improved typology of cutting and packing problems [J]. European journal of operational research, 2007, 183 (3): 1109-1130.

[48] EILON S, CHRISTOFIDES N. The loading problem [J]. Management Science, 1971, 17(5): 259-268.

[49] FERREIRA C E, MARTIN A, WEISMANTEL R. Solving multiple knapsack problems by cutting planes [J]. SIAM Journal on Optimization, 1996, 6(3): 858-877.

[50] KALAGNANAM J R, DAVENPORT A J, LEE H S. Computational aspects of clearing continuous call double auctions with assignment constraints and indivisible demand [J]. Electronic Commerce Research, 2001, 1: 221-238.

[51] SIMON J, APTE A, REGNIER E. An application of the multiple knapsack problem: The self-sufficient marine [J]. European Journal of Operational Research, 2017, 256(3): 868-876.

[52] FISK J C, HUNG M S. A heuristic routine for solving large loading problems [J]. Naval Research Logistics Quarterly, 1979, 26(4): 643-650.

[53] MARTELLO S, TOTH P. Heuristic algorithms for the multiple knapsack problem [J]. Computing, 1981, 27(2): 93-112.

[54] LALAMI M E, ELKIHEL M, EL BAZ D, et al. A procedure-based heuristic for 0-1 Multiple Knapsack Problems [J]. International Journal of Mathematics in Operational Research, 2012, 4(3): 214-224.

[55] BALAS E, ZEMEL E. An algorithm for large zero-one knapsack problems [J]. operations Research, 1980, 28(5): 1130-1154.

[56] FUKUNAGA A S. A new grouping genetic algorithm for the multiple knapsack problem [C]//2008 IEEE Congress on Evolutionary Computation (IEEE World Congress on Computational Intelligence). Hong Kong, China: IEEE, 2008: 2225-2232.

[57] FUKUNAGA A S, TAZOE S. Combining multiple representations in a genetic algorithm for the multiple knapsack problem [C]//2009 IEEE Congress on Evolutionary Computation. Trondheim, Norway: IEEE, 2009: 2423-2430.

[58] LAALAOUI Y. Improved swap heuristic for the multiple knapsack problem [C]// Advances in Computational Intelligence (IWANN 2013). Berlin, Germany: Springer Berlin Heidelberg, 2013: 547-555.

[59] LAALAOUI Y, M'HALLAH R. A binary multiple knapsack model for single machine scheduling with machine unavailability [J]. Computers & Operations Research, 2016, 72: 71-82.

[60] CHEKURI C, KHANNA S. A polynomial time approximation scheme for the multiple knapsack problem [J]. SIAM Journal on Computing, 2005, 35(3): 713-728.

[61] CAPRARA A, KELLERER H, PFERSCHY U. Approximation schemes for ordered vector packing problems [J]. Naval Research Logistics (NRL), 2003, 50 (1): 58-69.

[62] INGARGIOLA G, KORSH J F. An algorithm for the solution of 0-1 loading problems [J]. Operations Research, 1975, 23(6): 1110-1119.

[63] HUNG M S, FISK J C. An algorithm for 0-1 multiple-knapsack problems [J]. Naval Research Logistics Quarterly, 1978, 25(3): 571-579.

[64] MARTELLO S, TOTH P. Solution of the zero-one multiple knapsack problem [J]. European Journal of Operational Research, 1980, 4(4): 276-283.

[65] MARTELLO S, TOTH P. A bound and bound algorithm for the zero-one multiple knapsack problem [J]. Discrete Applied Mathematics, 1981, 3(4): 275-288.

[66] PISINGER D. An exact algorithm for large multiple knapsack problems [J]. European Journal of Operational Research, 1999, 114(3): 528-541.

[67] FUKUNAGA A S. A branch-and-bound algorithm for hard multiple knapsack problems [J]. Annals of Operations Research, 2011, 184(1): 97-119.

[68] FUKUNAGA A S, KORF R E. Bin completion algorithms for multicontainer packing, knapsack, and covering problems [J]. Journal of Artificial Intelligence Research, 2007, 28: 393-429.

[69] BERGNER M, DAHMS F H. Heterogeneous aggregation for Dantzig-Wolfe reformulation [J]. 2015.

[70] SHIH W. A branch and bound method for the multiconstraint zero-one knapsack problem [J]. Journal of the Operational Research Society, 1979, 30: 369-378.

[71] MANSINI R, SPERANZA M G. A multidimensional knapsack model for asset-backed securitization [J]. Journal of the operational research society, 2002, 53(8): 822-832.

[72] MOSER M, JOKANOVIC D P, SHIRATORI N. An algorithm for the multidimensional multiple-choice knapsack problem [J]. IEICE transactions on fundamentals of electronics, communications and computer sciences, 1997, 80(3): 582-589.

[73] PARRA-HERNANDEZ R, DIMOPOULOS N J. A new heuristic for solving the

multichoice multidimensional knapsack problem [J]. IEEE Transactions on Systems, Man, and Cybernetics-Part A: Systems and Humans, 2005, 35(5): 708-717.

[74] AKBAR M M, RAHMAN M S, KAYKOBAD M, et al. Solving the multidimensional multiple-choice knapsack problem by constructing convex hulls [J]. Computers & operations research, 2006, 33(5): 1259-1273.

[75] HANAFI S, MANSI R, WILBAUT C. Iterative relaxation-based heuristics for the multiple-choice multidimensional knapsack problem [C]//International Workshop on Hybrid Metaheuristics. Berlin, Germany: Springer Berlin Heidelberg, 2009:73-83.

[76] CHERFI N, HIFI M. A column generation method for the multiple-choice multi-dimensional knapsack problem [J]. Computational Optimization and Applications, 2010, 46: 51-73.

[77] CRÉVITS I, HANAFI S, MANSI R, et al. Iterative semi-continuous relaxation heuristics for the multiple-choice multidimensional knapsack problem [J]. Computers & Operations Research, 2012, 39(1): 32-41.

[78] MANSI R, ALVES C, VALERIO DE C J, et al. A hybrid heuristic for the multiple choice multidimensional knapsack problem [J]. Engineering Optimization, 2013, 45(8): 983-1004.

[79] REN Z G, FENG Z R, ZHANG A M. Fusing ant colony optimization with Lagrangian relaxation for the multiple-choice multidimensional knapsack problem [J]. Information Sciences, 2012, 182(1): 15-29.

[80] HIFI M, WU L. Lagrangian heuristic-based neighbourhood search for the multiple-choice multi-dimensional knapsack problem [J]. Engineering Optimization, 2015, 47(12): 1619-1636.

[81] CASERTA M, VOß S. The robust multiple-choice multidimensional knapsack problem [J]. Omega, 2019, 86: 16-27.

[82] KHAN S, LI K F, MANNING E G, et al. Solving the knapsack problem for adaptive multimedia systems [J]. Stud Inform Univ, 2002, 2(1): 157-178.

[83] TOYODA Y. A simplified algorithm for obtaining approximate solutions to zero-one programming problems [J]. Management Science, 1975, 21(12): 1417-1427.

[84] VOUDOURIS C, TSANG E. Guided local search and its application to the traveling salesman problem [J]. European journal of operational research, 1999, 113(2): 469-499.

[85] HIFI M, MICHRAFY M, SBIHI A. Heuristic algorithms for the multiple-choice multidimensional knapsack problem [J]. Journal of the Operational Research Society, 2004, 55(12): 1323-1332.

[86] HIFI M, MICHRAFY M, SBIHI A. A reactive local search-based algorithm for the multiple-choice multi-dimensional knapsack problem [J]. Computational

Optimization and Applications, 2006, 33(2-3): 271-285.

[87] GUO J, WHITE J, WANG G, et al. A genetic algorithm for optimized feature selection with resource constraints in software product lines [J]. Journal of Systems and Software, 2011, 84(12): 2208-2221.

[88] HIREMATH C S, HILL R R. First-level tabu search approach for solving the multiple-choice multidimensional knapsack problem [J]. international Journal of Metaheuristics, 2013, 2(2): 174-199.

[89] SHOJAEI H, BASTEN T, GEILEN M, et al. A fast and scalable multidimensional multiple-choice knapsack heuristic [J]. ACM Transactions on Design Automation of Electronic Systems (TODAES), 2013, 18(4): 1-32.

[90] GAO C, LU G, YAO X, et al. An iterative pseudo-gap enumeration approach for the multidimensional multiple-choice knapsack problem [J]. European Journal of Operational Research, 2017, 260(1): 1-11.

[91] CHEN Y, HAO J K. A "reduce and solve" approach for the multiple-choice multidimensional knapsack problem [J]. European Journal of Operational Research, 2014, 239(2): 313-322.

[92] MARTELLO S, TOTH P. An exact algorithm for the two-constraint 0-1 knapsack problem [J]. Operations Research, 2003, 51(5): 826-835.

[93] VIMONT Y, BOUSSIER S, VASQUEZ M. Reduced costs propagation in an efficient implicit enumeration for the 01 multidimensional knapsack problem [J]. Journal of Combinatorial Optimization, 2008, 15(2): 165-178.

[94] KAPARIS K, LETCHFORD A N. Local and global lifted cover inequalities for the 0-1 multidimensional knapsack problem [J]. European journal of operational research, 2008, 186(1): 91-103.

[95] BALEV S, YANEV N, FRÉVILLE A, et al. A dynamic programming based reduction procedure for the multidimensional 0-1 knapsack problem [J]. European journal of operational research, 2008, 186(1): 63-76.

[96] SETZER T, BLANC S M. Empirical orthogonal constraint generation for Multidimensional 0-1 Knapsack Problems [J]. European Journal of Operational Research, 2020, 282(1): 58-70.

[97] MORAGA R J, DEPUY G W, WHITEHOUSE G E. Meta-RaPS approach for the 0-1 multidimensional knapsack problem [J]. Computers & Industrial Engineering, 2005, 48(1): 83-96.

[98] AL-SHIHABI S, ÓLAFSSON S. A hybrid of nested partition, binary ant system, and linear programming for the multidimensional knapsack problem [J]. Computers & Operations Research, 2010, 37(2): 247-255.

[99] ANGELELLI E, MANSINI R, SPERANZA M G. Kernel search: A general heuristic for the multi-dimensional knapsack problem [J]. Computers & Operations Research, 2010, 37(11): 2017-2026.

[100] HANAFI S, WILBAUT C. Improved convergent heuristics for the 0-1 multidimensional knapsack problem [J]. Annals of Operations Research, 2011, 183: 125-42.

[101] DELLA C F, GROSSO A. Improved core problem based heuristics for the 0/1 multi-dimensional knapsack problem [J]. Computers & Operations Research, 2012, 39(1): 27-31.

[102] YOON Y, KIM Y H, MOON B R. A theoretical and empirical investigation on the Lagrangian capacities of the 0-1 multidimensional knapsack problem [J]. European Journal of Operational Research, 2012, 218(2): 366-376.

[103] HILL R R, CHO Y K, MOORE J T. Problem reduction heuristic for the 0-1 multidimensional knapsack problem [J]. Computers & Operations Research, 2012, 39(1): 19-26.

[104] CAPRARA A, PISINGER D, TOTH P. Exact solution of the quadratic knapsack problem [J]. INFORMS Journal on Computing, 1999, 11(2): 125-137.

[105] BILLIONNET A, SOUTIF É. Using a mixed integer programming tool for solving the 0-1 quadratic knapsack problem [J]. INFORMS Journal on Computing, 2004, 16(2): 188-197.

[106] PISINGER W D, RASMUSSEN A B, SANDVIK R. Solution of large quadratic knapsack problems through aggressive reduction [J]. INFORMS Journal on Computing, 2007, 19(2): 280-290.

[107] RODRIGUES C D, QUADRI D, MICHELON P, et al. 0-1 quadratic knapsack problems: an exact approach based on a t-linearization [J]. SIAM Journal on Optimization, 2012, 22(4): 1449-1468.

[108] WU Z, JIANG B, KARIMI H R. A logarithmic descent direction algorithm for the quadratic knapsack problem [J]. Applied Mathematics and Computation, 2020, 369: 124854.

[109] HAMMAER P, RADER JR D J. Efficient methods for solving quadratic 0-1 knapsack problems [J]. INFOR: Information Systems and Operational Research, 1997, 35(3): 170-182.

[110] YANG Z, WANG G, CHU F. An effective grasp and tabu search for the 0-1 quadratic knapsack problem [J]. Computers & Operations Research, 2013, 40 (5): 1176-1185.

[111] FOMENI F D, LETCHFORD A N. A dynamic programming heuristic for the quadratic knapsack problem [J]. INFORMS Journal on Computing, 2014, 26(1): 173-182.

[112] CHEN Y, HAO J K. An iterated "hyperplane exploration" approach for the quadratic knapsack problem [J]. Computers & Operations Research, 2017, 77: 226-239.

[113] LAXMIKANT, VASANTHA LAKSHMI C, PATVARDHAN C. QKPICA: A

Socio-Inspired Algorithm for Solution of Large-Scale Quadratic Knapsack Problems [C]//International Conference on Machine Intelligence and Signal Processing. Singapore: Springer , 2022: 695-708.

[114] FOMENI F D. A lifted-space dynamic programming algorithm for the Quadratic Knapsack Problem [J]. Discrete Applied Mathematics, 2023, 335: 52-68.

[115] BERGMAN D. An exact algorithm for the quadratic multiknapsack problem with an application to event seating [J]. INFORMS Journal on Computing, 2019, 31 (3): 477-492.

[116] GALLI L, MARTELLO S, REY C, et al. Polynomial-size formulations and relaxations for the quadratic multiple knapsack problem [J]. European Journal of Operational Research, 2021, 291(3): 871-882.

[117] FLESZAR K. A branch-and-bound algorithm for the quadratic multiple knapsack problem [J]. European Journal of Operational Research, 2022, 298(1): 89-98.

[118] GARCÍA-MARTíNEZ C, GLOVER F, RODRIGUEZ F J, et al. Strategic oscillation for the quadratic multiple knapsack problem [J]. Computational Optimization and Applications, 2014, 58: 161-185.

[119] GARCÍA-MARTíNEZ C, RODRIGUEZ F J, LOZANO M. Tabu-enhanced iterated greedy algorithm: a case study in the quadratic multiple knapsack problem [J]. European Journal of Operational Research, 2014, 232(3): 454-463.

[120] CHEN Y, HAO J K. Iterated responsive threshold search for the quadratic multiple knapsack problem [J]. Annals of Operations Research, 2015, 226: 101-131.

[121] PENG B, LIU M, LV Z, et al. An ejection chain approach for the quadratic multiple knapsack problem [J]. European Journal of Operational Research, 2016, 253(2): 328-336.

[122] QIN J, XU X, WU Q, et al. Hybridization of tabu search with feasible and infeasible local searches for the quadratic multiple knapsack problem [J]. Computers & Operations Research, 2016, 66: 199-214.

[123] SGALL J. Online bin packing: Old algorithms and new results [C]//Conference on Computability in Europe. Cham, Switzerland: Springer, 2014: 362-372.

[124] GASS S I, HARRIS C M. Encyclopedia of operations research and management science [J]. Journal of the Operational Research Society, 1997, 48(7): 759-760.

[125] QUIROZ-CASTELLANOS M, CRUZ-REYES L, TORRES-JIMENEZ J, et al. A grouping genetic algorithm with controlled gene transmission for the bin packing problem [J]. Computers & Operations Research, 2015, 55: 52-64.

[126] KUCUKYILMAZ T, KIZILOZ H E. Cooperative parallel grouping genetic algorithm for the one-dimensional bin packing problem [J]. Computers & Industrial Engineering, 2018, 125: 157-170.

[127] DOKEROGLU T, COSAR A. Optimization of one-dimensional bin packing

problem with island parallel grouping genetic algorithms [J]. Computers & Industrial Engineering, 2014, 75: 176-186.

[128] LODI A, MARTELLO S, VIGO D. Heuristic and metaheuristic approaches for a class of two-dimensional bin packing problems [J]. INFORMS journal on computing, 1999, 11(4): 345-357.

[129] COFFMAN JR E, SHOR P. Average-case analysis of cutting and packing in two dimensions [J]. European Journal of Operational Research, 1990, 44 (2): 134-144.

[130] BORTFELDT A. A genetic algorithm for the two-dimensional strip packing problem with rectangular pieces [J]. European Journal of Operational Research, 2006, 172(3): 814-837.

[131] ORTMANN F G, NTENE N, VAN VUUREN J H. New and improved level heuristics for the rectangular strip packing and variable-sized bin packing problems [J]. European Journal of Operational Research, 2010, 203(2): 306-315.

[132] GONçALVES J F, RESENDE M G. A biased random key genetic algorithm for 2D and 3D bin packing problems [J]. International Journal of Production Economics, 2013, 145(2): 500-510.

[133] GAREY M R, JOHNSON D S. Computers and intractability [M]. New York, USA: W. H. Freeman & Co. 1979.

[134] YAMADA T, KATAOKA S, WATANABE K. Heuristic and exact algorithms for the disjunctively constrained knapsack problem [J]. Information Processing Society of Japan Journal, 2002, 43(9).

[135] BETTINELLI A, CACCHIANI V, MALAGUTI E. A branch-and-bound algorithm for the knapsack problem with conflict graph [J]. INFORMS Journal on Computing, 2017, 29(3): 457-473.

[136] CONIGLIO S, FURINI F, SAN SEGUNDO P. A new combinatorial branch-and-bound algorithm for the knapsack problem with conflicts [J]. European Journal of Operational Research, 2021, 289(2): 435-455.

[137] HIFI M, MICHRAFY M. Reduction strategies and exact algorithms for the disjunctively constrained knapsack problem [J]. Computers & operations research, 2007, 34(9): 2657-2673.

[138] BEN SALEM M, TAKTAK R, MAHJOUB A R, et al. Optimization algorithms for the disjunctively constrained knapsack problem [J]. Soft Computing, 2018, 22: 2025-2043.

[139] GURSKI F, REHS C. Solutions for the knapsack problem with conflict and forcing graphs of bounded clique-width [J]. Mathematical Methods of Operations Research, 2019, 89: 411-432.

[140] PFERSCHY U, SCHAUER J. The Knapsack Problem with Conflict Graphs [J]. J Graph Algorithms Appl, 2009, 13(2): 233-249.

[141] PFERSCHY U, SCHAUER J. Approximation of knapsack problems with conflict and forcing graphs [J]. Journal of Combinatorial Optimization, 2017, 33 (4): 1300-1323.

[142] HOCHBA D S. Approximation algorithms for NP-hard problems [J]. ACM Sigact News, 1997, 28(2): 40-52.

[143] CHAUHAN D, UNNIKRISHNAN A, FIGLIOZZI M. Maximum coverage capacitated facility location problem with range constrained drones [J]. Transportation Research Part C: Emerging Technologies, 2019, 99: 1-18.

[144] LIANG D, SHEN H, CHEN L. Maximum target coverage problem in mobile wireless sensor networks [J]. Sensors, 2020, 21(1): 184.

[145] KHULLER S, MOSS A, NAOR J S. The budgeted maximum coverage problem [J]. Information processing letters, 1999, 70(1): 39-45.

[146] CACHON G, TERWIESCH C. Matching supply with demand [M]. New York, USA: McGraw-Hill Publishing, 2008.

[147] SUH K, GUO Y, KUROSE J, et al. Locating network monitors: complexity, heuristics, and coverage [J]. Computer Communications, 2006, 29 (10): 1564-1577.

[148] LI L, WANG D, LI T, et al. Scene: a scalable two-stage personalized news recommendation system [C]//Proceedings of the 34th International ACM SIGIR conference on Research and Development in Information Retrieval. New York, USA: Association for Computing Machinery, 2011:125-134.

[149] KAR B, WU E H-K, LIN Y-D. The budgeted maximum coverage problem in partially deployed software defined networks [J]. IEEE Transactions on Network and Service Management, 2016, 13(3): 394-406.

[150] TAKAMURA H, OKUMURA M. Text summarization model based on maximum coverage problem and its variant [C]//Proceedings of the 12th Conference of the European Chapter of the ACL (EACL 2009). Athens, Greece: Association for Computational Linguistics, 2009:781-789.

[151] LI L, WEI Z, HAO J K, et al. Probability learning based tabu search for the budgeted maximum coverage problem [J]. Expert Systems with Applications, 2021, 183: 115310.

[152] CHEKURI C, KUMAR A. Maximum coverage problem with group budget constraints and applications [C]//International Workshop on Randomization and Approximation Techniques in Computer Science. Berlin, Germany: Springer, 2004: 72-83.

[153] COHEN R, KATZIR L. The generalized maximum coverage problem [J]. Information Processing Letters, 2008, 108(1): 15-22.

[154] CURTIS D E, PEMMARAJU S V, POLGREEN P. Budgeted maximum coverage with overlapping costs: monitoring the emerging infections network [C]//

ALENEX' 10: Proceedings of the Meeting on Algorithm Engineering & Expermiments. Austin, USA: SIAM, 2010:112-123.

[155] GOLDSCHMIDT O, NEHME D, YU G. Note: On the set-union knapsack problem [J]. Naval Research Logistics (NRL), 1994, 41(6): 833-842.

[156] TAYLOR R. Approximations of the densest k-subhypergraph and set union knapsack problems [J]. arXiv preprint arXiv:161004935, 2016.

[157] HE Y, XIE H, WONG T-L, et al. A novel binary artificial bee colony algorithm for the set-union knapsack problem [J]. Future Generation Computer Systems, 2018, 78: 77-86.

[158] LIU X-J, HE Y-C. Estimation of distribution algorithm based on Lévy flight for solving the set-union knapsack problem [J]. IEEE Access, 2019, 7: 132217-132227.

[159] OZSOYDAN F B, BAYKASOGLU A. A swarm intelligence-based algorithm for the set-union knapsack problem [J]. Future Generation Computer Systems, 2019, 93: 560-569.

[160] LIN G, GUAN J, LI Z, et al. A hybrid binary particle swarm optimization with tabu search for the set-union knapsack problem [J]. Expert Systems with Applications, 2019, 135: 201-211.

[161] WEI Z, HAO J K. Multistart solution-based tabu search for the Set-Union Knapsack Problem [J]. Applied Soft Computing, 2021, 105: 107260.

[162] ARULSELVAN A. A note on the set union knapsack problem [J]. Discrete Applied Mathematics, 2014, 169: 214-218.

[163] FENG Y, AN H, GAO X. The importance of transfer function in solving set-union knapsack problem based on discrete moth search algorithm [J]. Mathematics, 2018, 7(1): 17.

[164] BENLIC U, HAO J K. Breakout local search for the quadratic assignment problem [J]. Applied Mathematics and Computation, 2013, 219(9): 4800-4815.

[165] FU Z-H, HAO J K. A three-phase search approach for the quadratic minimum spanning tree problem [J]. Engineering Applications of Artificial Intelligence, 2015, 46: 113-130.

[166] LOURENçO H R, MARTIN O C, STüTZLE T. Iterated local search [M]. Boston, USA: Springer, 2003.

[167] LAI X, HAO J K, YUE D. Two-stage solution-based tabu search for the multidemand multidimensional knapsack problem [J]. European Journal of Operational Research, 2019, 274(1): 35-48.

[168] WU Q, HAO J K. A review on algorithms for maximum clique problems [J]. European Journal of Operational Research, 2015, 242(3): 693-709.

[169] ZHOU Y, HAO J K, GOëFFON A. PUSH: A generalized operator for the maximum vertex weight clique problem [J]. European Journal of Operational

Research，2017，257(1)：41-54.

[170] GLOVER F. Tabu search and adaptive memory programming-advances, applications and challenges [J]. Interfaces in Computer Science and Operations Research：Advances in Metaheuristics, Optimization, and Stochastic Modeling Technologies, 1997：1-75.

[171] VASQUEZ M, HAO J K. A "logic-constrained" knapsack formulation and a tabu algorithm for the daily photograph scheduling of an earth observation satellite [J]. Computational optimization and applications, 2001, 20(2)：137-157.

[172] WANG Y, LV Z, GLOVER F, et al. Backbone guided tabu search for solving the UBQP problem [J]. Journal of Heuristics, 2013, 19：679-695.

[173] ZHANG W. Configuration landscape analysis and backbone guided local search. : Part i: Satisfiability and maximum satisfiability [J]. Artificial Intelligence, 2004, 158(1)：1-26.

[174] GLOVER F, KOCHENBERGER G A. Critical event tabu search for multidimensional knapsack problems [J]. Meta-heuristics：Theory and applications, 1996：407-427.

[175] LAI X, HAO J K, GLOVER F, et al. A two-phase tabu-evolutionary algorithm for the 0-1 multidimensional knapsack problem [J]. Information sciences, 2018, 436：282-301.

[176] DÍAZ J A, LUNA D E, CAMACHO-VALLEJO J F, et al. GRASP and hybrid GRASP-Tabu heuristics to solve a maximal covering location problem with customer preference ordering [J]. Expert Systems with Applications, 2017, 82：67-76.

[177] LAI X, HAO J K, GLOVER F. A study of two evolutionary/tabu search approaches for the generalized max-mean dispersion problem [J]. Expert Systems with Applications, 2020, 139：112856.

[178] BAYKASOǦ LU A, OZSOYDAN F B, SENOL M E. Weighted superposition attraction algorithm for binary optimization problems [J]. Operational Research, 2020, 20：2555-2581.

[179] FENG Y, YI J-H, WANG G-G. Enhanced moth search algorithm for the set-union knapsack problems [J]. IEEE Access, 2019, 7：173774-173785.

[180] HE Y, WANG X. Group theory-based optimization algorithm for solving knapsack problems [J]. Knowledge-Based Systems, 2021, 219：104445.

[181] OZSOYDAN F B. Artificial search agents with cognitive intelligence for binary optimization problems [J]. Computers & Industrial Engineering, 2019, 136：18-30.

[182] WU C, HE Y. Solving the set-union knapsack problem by a novel hybrid Jaya algorithm [J]. Soft Computing, 2020, 24：1883-902.

[183] MONTGOMERY D C. Design and analysis of experiments [M]. New Jerney：

John wiley & sons, 2017.

[184] HAMBY D M. A review of techniques for parameter sensitivity analysis of environmental models [J]. Environmental monitoring and assessment, 1994, 32: 135-54.

[185] AIEX R M, RESENDE M G, RIBEIRO C C. TTT plots: a perl program to create time-to-target plots [J]. Optimization Letters, 2007, 1: 355-366.

[186] RIBEIRO C C, ROSSETI I, VALLEJOS R. Exploiting run time distributions to compare sequential and parallel stochastic local search algorithms [J]. Journal of Global Optimization, 2012, 54: 405-429.

[187] CARLTON W B, BARNES J W. A note on hashing functions and tabu search algorithms [J]. European Journal of Operational Research, 1996, 95 (1): 237-239.

[188] WOODRUFF D L, ZEMEL E. Hashing vectors for tabu search [J]. Annals of Operations Research, 1993, 41(2): 123-137.

[189] WEI Z, HAO J K. Kernel based tabu search for the Set-union Knapsack Problem [J]. Expert Systems with Applications, 2021, 165: 113802.

[190] WANG Y, WU Q, GLOVER F. Effective metaheuristic algorithms for the minimum differential dispersion problem [J]. European Journal of Operational Research, 2017, 258(3): 829-843.

[191] LAI X, YUE D, HAO J K, et al. Solution-based tabu search for the maximum min-sum dispersion problem [J]. Information Sciences, 2018, 441: 79-94.

[192] HIFI M, MICHRAFY M. A reactive local search-based algorithm for the disjunctively constrained knapsack problem [J]. Journal of the Operational Research Society, 2006, 57(6): 718-726.

[193] HIFI M, OTMANI N. An algorithm for the disjunctively constrained knapsack problem [J]. International Journal of Operational Research, 2012, 13(1): 22-43.

[194] HIFI M. An iterative rounding search-based algorithm for the disjunctively constrained knapsack problem [J]. Engineering Optimization, 2014, 46(8): 1109-1122.

[195] BEN SALEM M, HANAFI S, TAKTAK R, et al. Probabilistic tabu search with multiple neighborhoods for the disjunctively constrained knapsack problem [J]. RAIRO-Operations Research-Recherche Opérationnelle, 2017, 51(3): 627-637.

[196] QUAN Z, WU L. Design and evaluation of a parallel neighbor algorithm for the disjunctively constrained knapsack problem [J]. Concurrency and Computation: Practice and Experience, 2017, 29(20): e3848.

[197] QUAN Z, WU L. Cooperative parallel adaptive neighbourhood search for the disjunctively constrained knapsack problem [J]. Engineering Optimization, 2017, 49(9): 1541-1557.

[198] MOSCATO P. Memetic algorithms: A short introduction [J]. New ideas in

optimization, 1999.

[199] HAO J K. Memetic algorithms in discrete optimization [M]. Berlin, Germany: Springer, 2012.

[200] DUECK G, SCHEUER T. Threshold accepting: A general purpose optimization algorithm appearing superior to simulated annealing [J]. Journal of computational physics, 1990, 90(1): 161-75.

[201] DUECK G, WIRSCHING J. Threshold accepting algorithms for 0-1 knapsack problems [C]//Proceedings of the Fourth European Conference on Mathematics in Industry. Dordrecht, Netherlands: Springer, 1991:255-262.

[202] ZHOU Y, NARODITSKIY V. Algorithm for stochastic multiple-choice knapsack problem and application to keywords bidding [C]//Proceedings of the 17th International Conference on World Wide Web. New York, USA: Association for Computing Machinery, 2008:1175-1176.

[203] CASTELINO D, STEPHENS N. Tabu thresholding for the frequency assignment problem [J]. Meta-Heuristics: Theory and Applications, 1996: 343-359.

[204] TARANTILIS C D, KIRANOUDIS C T, VASSILIADIS V S. A threshold accepting metaheuristic for the heterogeneous fixed fleet vehicle routing problem [J]. European Journal of Operational Research, 2004, 152(1): 148-158.

[205] GLOVER F, LAGUNA M. Tabu search [M]. New York: Springer, 1998.

[206] ZHOU Y, HAO J K, GLOVER F. Memetic search for identifying critical nodes in sparse graphs [J]. IEEE transactions on cybernetics, 2018, 49(10): 3699-712.

[207] DOLAN E D, MORé J J. Benchmarking optimization software with performance profiles [J]. Mathematical programming, 2002, 91: 201-13.

[208] BENSANA E, LEMAITRE M, VERFAILLIE G. Earth observation satellite management [J]. Constraints, 1999, 4: 293-299.

[209] AGN J, BENSANA E. Exact and approximate methods for the daily management of an earth observation satellite [J]. RAIRO-Oper Res, 2007, 41(4): 381-398.

[210] VASQUEZ M, HAO J K. Upper bounds for the SPOT 5 daily photograph scheduling problem [J]. Journal of Combinatorial Optimization, 2003, 7: 87-103.

[211] VERFAILLIE G, LEMAITRE M, SCHIEX T. Russian doll search for solving constraint optimization problems [C]//Proceedings of the Thirteenth National Conference on Artificial Intelligence. Portland, Oregon: AAAI Press, 1996:181-187.

[212] DETTI P. A new upper bound for the multiple knapsack problem [J]. Computers & Operations Research, 2021, 129: 105210.

[213] FURINI F, MONACI M, TRAVERSI E. Exact approaches for the knapsack problem with setups [J]. Computers & Operations Research, 2018, 90: 208-220.

[214] D'AMBROSIO C, MARTELLO S, MENCARELLI L. Relaxations and heuristics for the multiple non-linear separable knapsack problem [J]. Computers & Operations Research, 2018, 93: 79-89.

[215] GLOVER F. Tabu search—part I [J]. ORSA Journal on computing, 1989, 1(3): 190-206.

[216] GLOVER F. Heuristics for integer programming using surrogate constraints [J]. Decision sciences, 1977, 8(1): 156-66.

[217] GLOVER F, HAO J K. The case for strategic oscillation [J]. Annals of Operations Research, 2011, 183: 163-173.

[218] WANG Y, WU Q, PUNNEN A P, et al. Adaptive tabu search with strategic oscillation for the bipartite boolean quadratic programming problem with partitioned variables [J]. Information Sciences, 2018, 450: 284-300.

[219] HANSE N P, MLADENOVI C N, MORENO PEREZ J A. Variable neighbourhood search: methods and applications [J]. Annals of Operations Research, 2010, 175: 367-407.

[220] LÓPEZ-IBÁÑEZ M, DUBOIS-LACOSTE J, CáCERES L P, et al. The irace package: Iterated racing for automatic algorithm configuration [J]. Operations Research Perspectives, 2016, 3: 43-58.

[221] PORUMBEL D C, HAO J K, KUNTZ P. A search space "cartography" for guiding graph coloring heuristics [J]. Computers & Operations Research, 2010, 37(4): 769-778.

[222] KRUSKAL J B. Multidimensional scaling by optimizing goodness of fit to a nonmetric hypothesis [J]. Psychometrika, 1964, 29(1): 1-27.

[223] SMITH-MILES K, BAATAR D, WREFORD B, et al. Towards objective measures of algorithm performance across instance space [J]. Computers & Operations Research, 2014, 45: 12-24.

[224] SMITH-MILES K, MUñOZ M A. Instance space analysis for algorithm testing: Methodology and software tools [J]. ACM Computing Surveys, 2023, 55(12): 1-31.

[225] SMITH-MILES K, MUñOZ M, NEELOFAR E. Melbourne algorithm test instance library with data analytics (MATILDA) [J]. Melbourne algorithm test instance library with data analytics (MATILDA), 2020.

[226] FLESZAR K, HINDI K S. Fast, effective heuristics for the 0-1 multi-dimensional knapsack problem [J]. Computers & Operations Research, 2009, 36(5): 1602-1607.

[227] VASQUEZ M, HAO J K. A hybrid approach for the 0-1 multidimensional knapsack problem [C]//IJCAI' 01: Proceedings of the 17th International Joint Conference on Artificial Intelligence. San Francisco, USA: Morgan Kaufmann Publishers Inc. , 2001: 328-333.

[228] BEN HAMIDA S, SCHOENAUER M. An adaptive algorithm for constrained optimization problems [C]//International Conference on Parallel Problem Solving from Nature. Berlin, Germany: Springer, 2000: 529-538.

[229] SUN W, HAO J K, LAI X, et al. Adaptive feasible and infeasible tabu search for weighted vertex coloring [J]. Information Sciences, 2018, 466: 203-219.

附录 A

各算法在集合 Ⅰ 的 100 个算例上的测试结果

表 A-1 和表 A-2 报告了 TSBMA 和参考算法(PNS、CPANS 和 PTS)在集合 Ⅰ 的 100 个 DCKP 算例上的详细计算结果。

表 A-1 和表 A-2 的前两列分别给出了每个算例的名称和文献中已知的最好目标函数值(BKV),后几列使用以下四个性能指标表示结果:最佳函数目标值(f_{best})、20 次运行的平均函数目标值(f_{avg})、20 次运行的标准差(std)和达到最佳函数目标值的平均运行时间 t_{avg}(以 s 为单位)。然而,参考算法的一些性能指标(如 f_{best}、t_{avg} 和 std)在文献中没有报道。注意,对于 PNS 和 CPANS,本书通过使用不同数量的处理器(范围从 10 到 400)进行并行计算而获得了测试结果。为了进行公平的比较,将这些结果中每个算例的 f_{best} 作为最终结果,将 t_{avg} 的平均值作为最终的平均运行时间。最后一行 ♯Avg 表示每列的平均值。

表 A-1　TSBMA 和参考算法在集合 Ⅰ(1 Ⅰ y～10 Ⅰ y)的 50 个 DCKP 算例上的测试结果

Instance	BKV	PNS	CPANS		PTS		TSBMA			
		f_{best}	f_{best}	t_{avg}/s	f_{best}	f_{avg}	f_{best}	f_{avg}	std	t_{avg}/s
1 Ⅰ 1	2 567	2 567	2 567	17.133	2 567	2 567	2 567	2 567	0	163.577
1 Ⅰ 2	2 594	2 594	2 594	12.623	2 594	2 594	2 594	2 594	0	19.322
1 Ⅰ 3	2 320	2 320	2 320	14.897	2 320	2 320	2 320	2 320	0	6.06
1 Ⅰ 4	2 310	2 310	2 310	13.063	2 310	2 310	2 310	2 310	0	10.969
1 Ⅰ 5	2 330	2 330	2 330	20.757	2 330	2 321	2 330	2 330	0	63.663
2 Ⅰ 1	2 118	2 118	2 118	21.71	2 118	2 115.2	2 118	2 117.7	0.46	330.797
2 Ⅰ 2	2 118	2 112	2 118	129.39	2 110	2 110	2 118	2 111.6	3.2	705.755
2 Ⅰ 3	2 132	2 132	2 132	23.82	2 119	2 112.4	2 132	2 132	0	210.108
2 Ⅰ 4	2 109	2 109	2 109	31.377	2 109	2 105.6	2 109	2 109	0	14.182
2 Ⅰ 5	2 114	2 114	2 114	20.04	2 114	2 110.4	2 114	2 114	0	99.133
3 Ⅰ 1	1 845	1 845	1 845	34.683	1 845	1 760.3	1 845	1 845	0	3.78
3 Ⅰ 2	1 795	1 795	1 795	107.993	1 795	1 767.5	1 795	1 795	0	3.029
3 Ⅰ 3	1 774	1 774	1 774	22.49	1 774	1 757	1 774	1 774	0	3.585
3 Ⅰ 4	1 792	1 792	1 792	27.953	1 792	1 767.4	1 792	1 792	0	3.275
3 Ⅰ 5	1 794	1 794	1 794	34.82	1 794	1 755.5	1 794	1 794	0	9.159

续 表

Instance	BKV	PNS	CPANS		PTS		TSBMA			
		f_{best}	f_{best}	t_{avg}/s	f_{best}	f_{avg}	f_{best}	f_{avg}	std	t_{avg}/s
4 I 1	1 330	1 330	1 330	37.307	1 330	1 329.1	1 330	1 330	0	1.967
4 I 2	1 378	1 378	1 378	40.827	1 378	1 370.5	1 378	1 378	0	3.926
4 I 3	1 374	1 374	1 374	100.183	1 374	1 370	1 374	1 374	0	2.431
4 I 4	1 353	1 353	1 353	26.93	1 353	1 337.6	1 353	1 353	0	4.167
4 I 5	1 354	1 354	1 354	81.113	1 354	1 333.2	1 354	1 354	0	6.196
5 I 1	2 700	2 694	2 700	122.637	2 700	2 697.9	2 700	2 700	0	78.215
5 I 2	2 700	2 700	2 700	111.16	2 700	2 699	2 700	2 700	0	57.3
5 I 3	2 690	2 690	2 690	73.64	2 690	2 689	2 690	2 690	0	18.566
5 I 4	2 700	2 700	2 700	130.913	2 700	2 699	2 700	2 700	0	52.807
5 I 5	2 689	2 689	2 689	279.377	2 689	2 682.7	2 689	2 687.65	3.21	289.966
6 I 1	2 850	2 850	2 850	104.623	2 850	2 843	2 850	2 850	0	57.997
6 I 2	2 830	2 830	2 830	93.887	2 830	2 829	2 830	2 830	0	76.883
6 I 3	2 830	2 830	2 830	203.677	2 830	2 830	2 830	2 830	0	157.597
6 I 4	2 830	2 824	2 830	160.587	2 830	2 824.7	2 830	2 830	0	328.817
6 I 5	2 840	2 831	2 840	112.947	2 840	2 825	2 840	2 833.1	4.22	378.393
7 I 1	2 780	2 780	2 780	186.97	2 780	2 771	2 780	2 779.4	1.43	483.465
7 I 2	2 780	2 780	2 780	161.117	2 780	2 769.8	2 780	2 775.5	4.97	372.935
7 I 3	2 770	2 770	2 770	136.31	2 770	2 762	2 770	2 768.5	3.57	393.018
7 I 4	2 800	2 800	2 800	123.957	2 800	2 791.9	2 800	2 795.5	4.97	162.06
7 I 5	2 770	2 770	2 770	149.933	2 770	2 763.6	2 770	2 770	0	290.591
8 I 1	2 730	2 720	2 730	472.153	2 720	2 718.9	2 730	2 724	4.9	484.264
8 I 2	2 720	2 720	2 720	109.373	2 720	2 713.6	2 720	2 720	0	214.76
8 I 3	2 740	2 740	2 740	112.847	2 740	2 731.5	2 740	2 739.55	1.96	207.311
8 I 4	2 720	2 720	2 720	253.23	2 720	2 712	2 720	2 715.35	4.85	518.579
8 I 5	2 710	2 710	2 710	115.777	2 710	2 705	2 710	2 710	0	67.003
9 I 1	2 680	2 678	2 680	134.023	2 670	2 666.9	2 680	2 679.7	0.71	316.21
9 I 2	2 670	2 670	2 670	158.397	2 670	2 661.7	2 670	2 669.9	0.44	238.149
9 I 3	2 670	2 670	2 670	123.28	2 670	2 666.5	2 670	2 670	0	161.176
9 I 4	2 670	2 670	2 670	137.69	2 663	2 657.3	2 670	2 668.9	2.49	522.294
9 I 5	2 670	2 670	2 670	131.247	2 670	2 662	2 670	2 670	0	98.124
10 I 1	2 624	2 620	2 624	244.02	2 620	2 613.7	2 624	2 621.45	1.72	348.617
10 I 2	2 642	2 630	2 630	144.867	2 630	2 620.8	2 630	2 630	0	182.474
10 I 3	2 627	2 620	2 627	198.05	2 620	2 614.5	2 627	2 621.4	2.8	326.099
10 I 4	2 621	2 620	2 620	148.997	2 620	2 609.7	2 620	2 620	0	105.609
10 I 5	2 630	2 627	2 630	170.62	2 627	2 617.6	2 630	2 629.5	2.18	307.851
# Avg	2 403.68	2 402.36	2 403.42	112.508	2 402.18	2 393.26	2 403.42	2 402.47	0.96	179.244

表 A-2　TSBMA 和参考算法在集合 I (11 I y～20 I y)的 50 个 DCKP 算例上的测试结果

Instance	BKV	PNS	CPANS			TSBMA			
		f_{best}	f_{best}	t_{avg}/s		f_{best}	f_{avg}	std	t_{avg}/s
11 I 1	4 950	4 950	4 950	333.435		**4 960**	4 960	0	4.594
11 I 2	4 940	4 940	4 928	579.46		4 940	4 940	0	14.305
11 I 3	4 925	4 920	4 925	178.4		**4 950**	4 950	0	69.236
11 I 4	4 910	4 890	4 910	320.067		**4 930**	4 930	0	139.197
11 I 5	4 900	4 890	4 900	222.053		**4 920**	4 920	0	100.178
12 I 1	4 690	4 690	4 690	230.563		4 690	4 687.65	2.22	416.088
12 I 2	4 680	4 680	4 680	502.6		4 680	4 680	0	224
12 I 3	4 690	4 690	4 690	229.116		4 690	4 690	0	215.103
12 I 4	4 680	4 680	4 676	367.33		4 680	4 679.5	2.18	256.3
12 I 5	4 670	4 670	4 670	487.563		4 670	4 670	0	79.19
13 I 1	4 533	4 533	4 533	395.985		**4 539**	4 534.8	3.6	415.88
13 I 2	4 530	4 530	4 530	573.718		4 530	4 528	4	361.229
13 I 3	4 540	4 530	4 540	901.62		4 540	4 531	3	498.622
13 I 4	4 530	4 530	4 530	315.076		4 530	4 529.15	2.29	366.951
13 I 5	4 537	4 537	4 537	343.24		4 537	4 534.2	3.43	425.064
14 I 1	4 440	4 440	4 440	483.156		4 440	4 440	0	205.733
14 I 2	4 440	4 440	4 440	735.505		4 440	4 439.4	0.49	438.19
14 I 3	4 439	4 439	4 439	614.733		4 439	4 439	0	146.119
14 I 4	4 435	4 435	4 434	533.908		4 435	4 431.5	2.06	106.389
14 I 5	4 440	4 440	4 440	473.448		4 440	4 440	0	160.9
15 I 1	4 370	4 370	4 370	797.125		4 370	4 369.95	0.22	321.296
15 I 2	4 370	4 370	4 370	676.703		4 370	4 370	0	181.021
15 I 3	4 370	4 370	4 370	612.792		4 370	4 369.25	1.84	315.575
15 I 4	4 370	4 370	4 370	649.398		4 370	4 369.85	0.36	424.873
15 I 5	4 379	4 379	4 379	678.354		4 379	4 373.15	4.29	359.003
16 I 1	4 980	4 980	4 980	286.13		**5 020**	5 020	0	205.964
16 I 2	4 990	4 990	4 980	232.825		**5 010**	5 010	0	342.824
16 I 3	5 009	5 000	5 009	199.88		**5 020**	5 020	0	155.07
16 I 4	5 000	4 997	5 000	831.75		**5 020**	5 020	0	86.324
16 I 5	5 040	5 020	5 040	982.97		**5 060**	5 060	0	32.837
17 I 1	4 730	4 730	4 721	422.64		4 730	4 729.7	0.64	388.541
17 I 2	4 710	4 710	4 710	248.77		**4 720**	4 719.5	2.18	300.275
17 I 3	4 720	4 720	4 720	454.317		**4 729**	4 723.6	4.41	343.016
17 I 4	4 720	4 720	4 720	432.9		**4 730**	4 730	0	288.961

Instance	BKV	PNS	CPANS		TSBMA			
		f_{best}	f_{best}	t_{avg}/s	f_{best}	f_{avg}	std	t_{avg}/s
17 I 5	4 720	4 720	4 720	102.468	**4 730**	4 726.85	4.5	366.752
18 I 1	4 566	4 566	4 566	225.01	**4 568**	4 565.8	3.4	269.545
18 I 2	4 550	4 550	4 550	288.862	**4 560**	4 551.4	3.01	13.884
18 I 3	4 570	4 570	4 570	328.555	4 570	4 569.4	2.2	466.748
18 I 4	4 560	4 560	4 560	511.527	**4 568**	4 565.2	3.12	264.931
18 I 5	4 570	4 570	4 570	651.887	4 570	4 567.95	3.46	572.589
19 I 1	4 460	4 460	4 460	506.945	4 460	4 456.65	3.48	459.57
19 I 2	4 459	4 459	4 459	666.9	**4 460**	4 453.25	4.17	307.224
19 I 3	4 460	4 460	4 460	608.913	**4 469**	4 462.05	4.04	485.55
19 I 4	4 450	4 450	4 450	476.755	**4 460**	4 453.2	3.89	430.824
19 I 5	4 460	4 460	4 460	508.73	**4 466**	4 460.75	1.61	40.752
20 I 1	4 389	4 389	4 388	957.41	**4 390**	4 383.2	3.36	929.372
20 I 2	4 390	4 390	4 387	756.908	4 390	4 381.8	3.78	299.673
20 I 3	4 389	4 383	4 389	966.01	4 389	4 387.9	2.77	568.988
20 I 4	4 388	4 388	4 380	993.63	**4 389**	4 380.4	1.98	657.694
20 I 5	4 389	4 389	4 389	772.495	**4 390**	4 386.4	4.05	646.57
# Avg	4 608.54	4 606.88	4 607.58	513.011	4 614.14	4 611.83	1.8	303.39